灵动 恢宏 浪漫
——当代荆楚建筑的探索与实践

Rhythm, Grandness, Romance:
Explore and Practice Contemporary Jingchu Architecture

陆晓明 著

中国建筑工业出版社

图书在版编目（CIP）数据

灵动　恢宏　浪漫：当代荆楚建筑的探索与实践 ＝
Rhythm, Grandness, Romance: Explore and Practice
Contemporary Jingchu Architecture／陆晓明著. —
北京：中国建筑工业出版社，2021.2
　　ISBN 978-7-112-25903-8

　　Ⅰ. ① 灵… Ⅱ. ① 陆… Ⅲ. ① 建筑设计-研究-湖北
-现代 Ⅳ. ① TU2

中国版本图书馆CIP数据核字（2021）第032644号

本书结合辛亥革命博物馆新馆、湖北省图书馆新馆、武汉光谷国际网球中心、神农架机场航站楼、湖北剧院等多个获奖工程实践案例，阐述了作者在建筑创作中充分融入中国传统建筑设计的思想理念，通过运用现代材料和手法创作出具有灵动、恢宏、浪漫特征的时代建筑。本书为作者在中信建筑设计研究总院有限公司从业三十年所完成的重大工程实践案例的经验总结，凝炼了作者毕生建筑设计思想和精华，力求为我国建筑创作事业的持续繁荣贡献一份力量。

本书为广大建筑爱好者提供了良好的学习范本，也为建筑从业者提供了有益的参考和借鉴。

责任编辑：张　磊　曹丹丹
责任校对：张　颖

灵动　恢宏　浪漫——当代荆楚建筑的探索与实践

Rhythm, Grandness, Romance: Explore and Practice Contemporary Jingchu Architecture

陆晓明　著

*

中国建筑工业出版社出版、发行（北京海淀三里河路9号）

各地新华书店、建筑书店经销

北京锋尚制版有限公司制版

北京富诚彩色印刷有限公司印刷

*

开本：850毫米×1168毫米　1/16　印张：19¼　字数：595千字

2021年4月第一版　2021年4月第一次印刷

定价：268.00元

ISBN 978-7-112-25903-8

（37112）

作者简介

陆晓明，男，汉族，1968年5月出生。1990年本科毕业于华中科技大学建筑系，1996年12月至1998年3月赴日研修，2004年获得建筑设计及理论硕士学位。现任中信建筑设计研究总院有限公司总建筑师、国家一级注册建筑师。

个人获奖

2003年，被武汉市政府授予"劳动模范"荣誉称号、享受市政府专家津贴。

2006年，荣获中国建筑学会评选的"第六届中国青年建筑师奖"。

2009年，获中国文化研究会等单位评选的"中国当代优秀青年建筑师"称号。

2014年，被评为武汉市黄鹤英才（城建）专家。

2016年，获得国务院政府专项津贴。

社会兼职

湖北省第十、十一、十二届政协委员

中国建筑学会建筑师分会理事

中国建筑学会建筑改造和城市更新专业委员会理事

中国建筑学会注册建筑师分会理事

中国勘察设计协会传统建筑分会专家

华中科技大学、中信设计学院客座教授

序言

过去的几十年，是中国历史上罕见的城市化极速发展的时期，将其称之为中国建筑师的黄金时代并不为过。但一个普遍性的现象是：早期多数城市最为重要的公共建筑的设计，基本都由国外建筑师所主导。中国建筑师在这段时间并没有在自家舞台成为主角。

斗转星移，沧海桑田，我们也应该看到中国建筑师在快速成长，这期间涌现出一批优秀的建筑师，创作出不少体现传统文化内涵的作品，掀起了探索当代中国建筑的热潮。陆晓明就是其中的一位。

作为一名长期在国有大型设计院工作的建筑师，在三十年的职业生涯中，他植根于荆楚文化的腹地武汉，始终尝试着在当代建筑中注入中国传统文化元素，坚持对建筑创新的追求。

他或许不是一位高产的建筑师，但从他的作品中却能看到其不断的努力和追求——应和环境、因时而变、关注整体、强调融合；在追求建筑形态和功能相吻合的基本前提下，力求赋予作品创新的含义。在人们对形而上的追逐愈发强烈的当今社会中，陆晓明的作品能始终坚持基于传统文化、地理环境和当代技术的创作理念，不为创新而创新，不为艺术而艺术，通过对自然环境（地理气候、地形地貌、生态要素等）的回应，在创造舒适的行为场所的同时，通过相对适宜的建造技术，结合现代的设计审美，表达文化特质和美学内涵实属可贵。

建筑创作需要坚守理想、富于情怀，而理想和情怀恰恰是当今建筑师最需要的，陆晓明也用其三十年的实践证明了他的孜孜追求。

本书既是一位一线建筑师几十年实践的小结，也可以作为同行们的参考读本。相互切磋，共同提高，为繁荣我国建筑创作事业贡献一份力量。

衷心祝贺本书的出版。

PROLOGUE

The past several decades saw a dramatic urbanization development of a kind rarely seen in the history of China. This period is so called a golden age to the Chinese architect. However, it is a common phenomenon that majority of the top important public buildings in the early period of most cities were mainly designed by foreign architects, and Chinese architects did not occupy their own stage and become the leading role during this period.

As time goes by, we should also see that Chinese architects are also growing rapidly. A number of excellent architects have emerged and created many works reflecting the connotation of traditional culture, which has set off a wave of exploration of contemporary Chinese architecture. Lu Xiaoming is one of them.

As an architect who has been working in a large state-owned design institute for a long time, in his 30-year career, he has been rooted in Wuhan, the core place of Jingchu culture, always trying to inject traditional Chinese cultural elements into contemporary architecture and persisting in the pursuit of architectural innovation.

He may not have been a productive architect, but his work shows his constant efforts and pursuits, which should focus on the whole, change with the time and emphasize integration with the environment. In the pursuit of the basic premise of the consistency of architectural form and function, he strives to give the meaning of the work with innovation. In today's society where people are increasingly pursuing the metaphysics, Lu Xiaoming's works can always adhere to the creation concept based on the traditional cultural geographical environment and contemporary technology, not only for the sake of innovation and art. In response to the natural environment (geography, climate, terrain, landform, ecological elements, etc.), it is valuable to express cultural characteristics and aesthetic connotation through relatively appropriate construction technology and modern design aesthetics while creating comfortable behavior settings.

Architectural creation needs to adhere to the ideal and feelings which are exactly what architect need most today, Lu Xiaoming has spent his 30 years of practice to prove his assiduous pursuit.

This book is not only a summary of decades of practice by a front-line architect, but also a reference for counterparts. The mutual learning and improvement can contribute to the prosperity of China's architectural creation.

Hearty congratulations go to the publication of this book.

Zhuang Weimin

前言
PREFACE

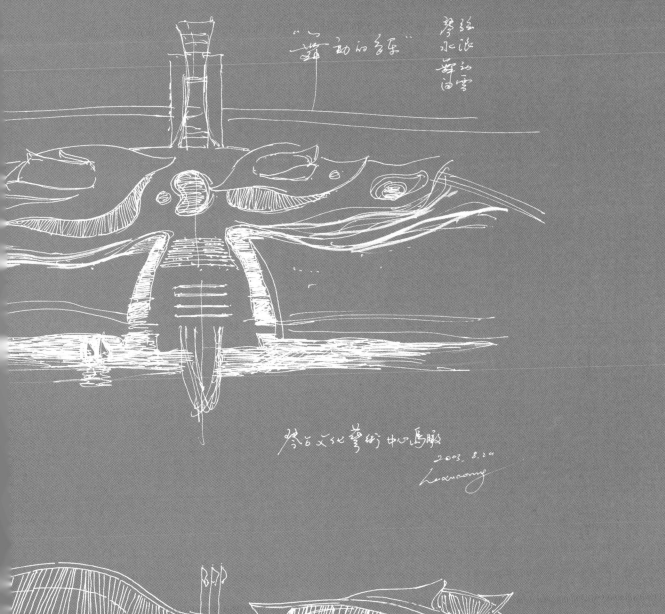

"舞动的音乐"　　琴弦
　　　　　　　　　　水波
　　　　　　　　　　舞动的音

琴岛文化艺术中心马赛
2003.8.24
Lichaong

琴岛文化艺术中心造型草稿
2003.8.24
Lichaong

前言

屈指算来，我从事建筑设计已整整30年了。从一名建筑师成长为大型国有企业——中信建筑设计研究总院有限公司总建筑师。设计类型广泛，从写字楼到酒店，从机场到超高层，从体育场馆到博物馆，从文化中心到城市设计，从剧院到商业综合体。作品遍布全国各地和非洲大陆。在体育建筑、博览建筑、文化建筑、交通建筑、超高层建筑综合体等类型的设计中积累了一定的经验。

时光如白驹过隙，回首往事，感慨良多。幼时喜欢绘画，爱搭模型，虽从未接受过专业训练，但乐此不疲。曾因物质条件匮乏，无钱买橱窗中心仪的汽车玩具，自己用卡纸糊了一个；也会用硬纸壳搭建小房子，钻进去享受狭小、独处、静谧的空间。事物总是如此神奇，也许儿时专注的某种东西，决定了今后要从事的职业，或许当建筑师的想法就是那一刻开始的。上大学后，告别了高中的书山题海，身心得以释放、兴趣变得广泛，博览群书、开拓视野，建筑学也让儿时的爱好插上了翅膀。治印、雕刻、绘画、模型，样样喜爱，虽无精者，但也陶冶了情操。

1990年7月正式参加工作，成为一名职业建筑师。职业生涯中，总在梦想与现实之间徘徊。有过欢乐，也有过痛苦。在寂静中倾听自身内心的声音，也会谦恭地自省。但始终没有放弃对建筑创新的追求。

我的职业生涯大致分为三个阶段。第一个阶段是在经济特区历练。工作后不久，1991年我有幸从闭塞的内陆城市踏上了深圳、珠海沿海第一批改革开放的热土，感受到了经济腾飞与时代的巨变，意识到属于中国建筑师的时代真正到来。在经济特区的六年设计工作中，我凭借年轻与热情，在与国内外著名设计单位同台竞技中，经历了风雨，提高了能力。中民时代广场、深圳市检察院办案业务楼等一批项目也孕育而生。这个时期的设计还完全没有考虑中国特色的建筑风格。

第二个阶段为赴日研修。1996年12月，我登上了飞往日本的飞机，追随丹下健三、安藤忠雄、谷口吉生、槙文彦等建筑大师的足迹，开始了一年半的研修之路。在日期间我潜心学习日本建筑，遍览各类建筑书籍。利用节假闲暇，四处研学，探访名师名作，大受裨益，颇有心得。对其现代建筑中蕴含的传统文化基因印象深刻。我慢慢地开始思索现代与传统的关系以及材料、形体对建筑的影响。逐步形成了今后在现代建筑创作中发掘本民族传统建筑的特征，用当代的语言加以演绎的设计思路。我觉得最美的建筑，应该建立在传统文化基础之上。回国后，我越来越体会到如何传承传统的中国文化、如何创作出具有时代感的建筑作品，可能是每个中国建筑师都要思考的问题。

第三个阶段是荆楚建筑的探索与实践。1998年3月，从日本研修回国后我更加注重现代建筑与传统文化的关系，回国后第一个重要设计是湖北剧院，将传统与现代结合起来。湖北剧院落成之时，正好是我从业十周年，可以用"十年磨一剑"来表达当时的心情。此后的二十年里，又陆续设计了琴台文化艺术中心、辛亥革命博物馆、湖北省图书馆、神农架机场航站楼、光谷国际网球中心等一批公共建筑。不断尝试着在现代建筑中注入地域传统文化元素，创作出灵动、恢宏、浪漫的当代荆楚建筑。

我长期以来一直在国有大型设计院工作，常常羡慕在大学工作的教授们，理论功底深厚，知行合一。而对于我来说，实践机会多，理论研究少，疏于总结。

随着时间的推移，如今已到知天命之年，我的心越来越沉静下来，在新与旧、阴与阳、传统与现代之间，始终保持一颗求索之心，也知道该抛弃什么，要坚守什么，感觉既要有包容的心态，又要有鲜明的自我。

作为中国传统文化与艺术的忠实爱好者，我开始醉心于建筑古迹与古籍，希望能利用闲暇时间，巡游国内古建遗存。徜徉在这些优秀的古建之中，常常能领会到中国建筑文化的博大精深，也激发了我从中汲取营养、潜移默化变为今后创作灵感的欲望。

我在今后建筑创作上将更追求静稳隽永、恬淡洒脱、清雅出尘、禅意空灵，也更注重对人的关怀，以及其使用需求，将建筑美学与人文关怀结合起来。我将尽可能以清新的建筑语言抒写感悟自然、尊重生命的内心感受，以空间的变化来表达一种当代建筑的意境。

我热爱建筑设计，建筑予我以信念，也带来无限的幸福。我愿意将一生的时光都用在建筑设计并坚守着这份执着：建筑的第一感觉是自身想要表达的情感，心中的建筑则是与人的精神境界息息相关。相信建筑具有一股力量，能带给人们坚定的信念，带来希望和快乐。

PREFACE

Looking back, I have been engaged in architectural design for 30 years, growing from an architect to the chief architect of CITIC General Institute of Architectural Design and Research Co., Ltd., a large state-owned enterprise. The design types range from office buildings to hotels, from airports to super high-rises, from stadiums to museums, from cultural centers to urban design and from theaters to commercial complexes. My works are covering the country and the African continent, and I have accumulated some experience in the design of architectures related to sports, exhibition, culture, transportation, super high-rise complex, etc.

How time flies! Looking back on the past, I feel greatly touched. When I was young, I liked painting and building models. Although I had never received professional training, I still fully involved into and enjoyed it. Due to the poor material conditions and lack of money, I used the paperboard to make a toy car I was yearning in the shopping window; or used cardboard to build a small house and squeezed into to enjoy the narrow and quiet space. Things are always so magical. It is supposed that something I focused on in my childhood determined my future career and the idea of being an architect started at that moment. After entering the university, I bid farewell to the massive books in high school, and gained a great interest in reading extensively which has broadened my horizon substantially. Besides, I also gained driving forces for my childhood interest through architecture. I love imprinting, sculpturing, painting and modeling, even not refined, but the sentiment has been cultivated.

In July 1990, I began to work formally and became a professional architect. In the career, I've had joys and pains hovering between dreams and reality. Listening to my inner voice in silence, I would also humbly introspect but never give up the pursuit of architectural innovation.

My career is divided into three stages. The first stage is the experience in the Economic Special Zone. Not long after I started my work, in 1991, I had the honor to set foot on the first batch of hot spots of reform and opening up in the coastal cities like Shenzhen and Zhuhai from the isolated inland city. I felt the economic booming and the great changes of the time and realized that the era of Chinese architects had really came. In the six years of design work in the Economic Special Zone, I have experienced the sufferings and pains and improved my ability by virtue of my youth and enthusiasm in the competition with famous design units at home and abroad. A number of projects, such as Zhongmin Times Plaza and the case-handling building of Shenzhen Procuratorate all came into being. The design of this period did not consider the architectural style with Chinese characteristics at all.

The second stage is to study in Japan. In December 1996, I boarded a plane to Japan and began a year and a half of research — following professors like Kenzo Tange, Tadao Ando, Yoshio Taniguchi, Fumihiko Maki, etc. During my stay in Japan, I devoted myself to the study of Japanese architecture. I read all kinds of architecture books during holidays and leisure time, studied around, visited famous professors and appreciated masterpieces, which greatly benefited me and endowed me with a lot of experience. I was deeply impressed by the inborn traditional culture contained in its modern architecture. Gradually, I began to think about the relationship between modernity and tradition and the influence of materials and shapes on architecture, which gradually formed the design idea of exploring the characteristics of traditional architecture of our nation in the creation of modern architecture in the future and deducing it with contemporary language. In my opinion, the most gorgeous buildings should be built on the basis of traditional culture. After returning to China, I realized how to inherit traditional Chinese culture and how to create architectural works with a sense of the times. It might be a question that every Chinese architect needs to think about.

The third stage is the research and practice of Jingchu architecture. In March 1998, after returning from Japan, I paid more attention to the relationship between modern architecture and traditional culture. My first important design after returning was Hubei Theater, which combined tradition and modernity. When the Hubei Theater was completed, it was just the tenth anniversary of my career. I could express my feelings by the words "spending ten years to hone a sword" to express my feelings at that time. In the following 20 years, I successively designed a number of public buildings, such as Wuhan Qintai Culture & Art Center, Xinhai Revolution Museum, Hubei Provincial Library, Shennongjia Airport Terminal, Optics Valley International Tennis Center, etc. I tried to infuse traditional regional cultural elements into modern architecture thus creating a contemporary Jingchu architecture with a sense of smart, grand and romance.

I have been working in large state-owned design institutes for a long time, and I often admire professors who work in universities for their profound theoretical knowledge and the combination with practice. For me, there are more practical opportunities and less theoretical research and summary.

As time goes by, now that I am in the year of my fifties and my mind becomes calmer between the new and the old, Yin and Yang and tradition and modernity, we should always keep an exploring heart and know what to discard and what to stick to. We should not only have an inclusive attitude, but also a distinct self.

As a loyal fan of traditional Chinese culture and art, I began to be fascinated by architectural monuments and ancient books, hoping to tour the remains of ancient buildings in China in my spare time. Wandering in these excellent ancient buildings, I could often appreciate the profound and extensive Chinese architectural culture, which also inspired my desire to absorb essence from them and turn them into inspiration for future creations.

In my future architectural creations, I prefer to pursue stability, tranquility, naturalness, elegance and with the emptiness in Zen; I will also pay more attention to the care of people and their practical needs, and combines architectural aesthetics with humanistic concern. I will try my best to express and understand nature in a fresh architectural language, respect the inner feelings of life, and express a kind of artistic conception of contemporary architecture with the change of space.

I love architectural design; architecture gives me faith and brings infinite happiness. I would like to devote my whole life to architectural design and stick to this dedication: the first feeling of architecture is the emotion that one wants to express, while the architecture in one's heart is closely related to the spiritual realm of human beings. It is believed that architecture has the power to bring people firm faith and happiness.

目录

CONTENTS

综述
OVERVIEW

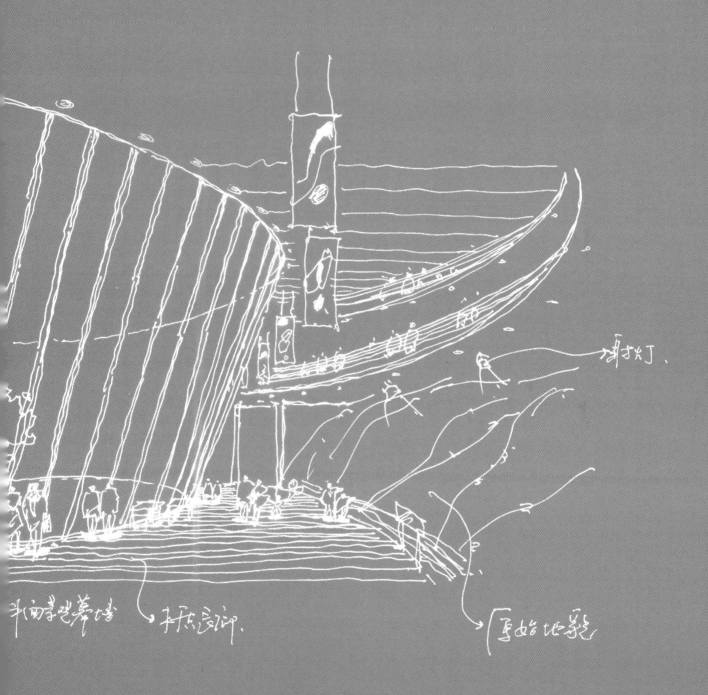

科内剧院幕场 →水亭点柳。 →夏始比阜笔

清钓灯.

追逐建筑的梦想
——从湖北剧院到光谷国际网球中心

Pursue the Dream of Architecture
—From Hubei Theater to Optical Valley International Tennis Center

华中科技大学建筑规划学院
教授、博导/李保峰

2019年10月18日，当人们翘首企盼的第七届世界军人运动会在武汉体育中心体育场拉开了帷幕，当大家沉浸在开幕式盛大恢宏的场景中的时候，大概没有几个人知道，举办这场开闭幕式之体育场的改造设计是出自一名武汉建筑师——陆晓明之手。

我和晓明的第一次接触要追溯到20世纪80年代。当时，我所在的华中科技大学建筑系正在参加武汉天河机场T1航站楼的投标，我作为项目负责人正在组织赶制模型，由于人手不够，急需在学生中找一个做模型的熟手，大家向我推荐了晓明，经过一夜通宵达旦工作，模型顺利完成。在一起工作的过程中，晓明给我的印象是虽不善言语，却透着灵气，做事效率极高。他从建筑系毕业后进入武汉建筑设计院工作，后来听说他去了深圳。

他在我的视野中再次出现是1998年，当时湖北剧院举办方案竞赛，有5家设计院共拿出了10个方案参与竞争。竞赛中一个以"黄鹤，古琴，歇山"为主题的方案脱颖而出，后来我才知道这个方案的主笔就是刚从日本研修回国的陆晓明，久违的晓明在楚国故地以当年楚庄王"虽无鸣，鸣必惊人"的架势华丽出场。这个方案体现了传承和创新的设计理念，兼具地域性和时代感，中标方案公示期间获得了业内外人士的普遍好评。该剧院地处武昌城中心区阅马场，这里是一个文化氛围浓厚、自然环境优美、建筑古迹遍布的场所。晓明的方案乍一看似乎与周边建筑没什么关系，其实它蕴含着运用现代造型语言来表达传统建筑元素的想法，他通过对第五立面的处理转译了传统古建筑歇山屋顶的意象，尝试着以含蓄的方式唤醒历史文脉，同时在建筑体形上也追求灵动、飘逸，这很符合中国古代建筑的神韵。此前毫无剧院设计经验的晓明初生牛犊不怕虎，颠覆了不少传统剧院设计的套路。阅马场是一弹丸之地，且交通复杂，在这样局促的用地条件中做剧场，对空间及人流车流组织是一个严峻的挑战。晓明以城市设计的视角综合思考这一系列问题，最终他按照"向竖向要效益"的逻辑，索性将剧院底层的一半架空开放，形成一个市民可以随意

驻足的灰空间，这架空层与建筑前广场共同形成了城市公共场所，而上部的大悬挑不仅解决了剧场内部空间的需求，还创造了具有标志性的文化建筑形象，他这种应对用地狭小的设计策略令人耳目一新。湖北剧院大量选用冷峻色调的铝镁锰合金和透明玻璃等现代材料，玻璃幕墙采用当时先进的接驳式体系使其变得更为通透，让观众可以毫无阻碍地欣赏周边自然与人文美景，也为城市带来活力。这体现了建筑不仅需要漂亮，还应该明亮、充满生气的道理。湖北剧院是一个赞美文化与技术，同时也体现时代与传统相融合的好作品。

湖北剧院是他在武汉建筑舞台的初次亮相，可以说是初试啼声之作，也是他的成名作，为他日后获得青年建筑师奖打下了基础。从中可以看出他日后设计风格的雏形，如对建筑与环境的融合，灵动与通透的结合，造型与结构的整合等追求，这些伴随着他的设计生涯，在之后的作品中不断呈现和升华。

2003年陆晓明报考了我的研究生，我和他接触的机会就更多了，对他的了解也更深了一步。传承与创新一直是他持续思考的问题，他也一直在践行着这一理念。

琴台文化中心的方案与湖北剧院一脉相承。他借用俞伯牙与钟子期的高山流水遇知音的历史传说，以知音文化作为切入点，采用柔中带刚的建筑形体来回应月湖地区的自然山水景观，同时植入了经过抽象提炼的荆楚文化元素，以现代的"形"来体现传统的"意"。"凤凰·琴"的立意使方案具备了更深层次的文化内涵。该建筑的材质同样是以金属和玻璃为主，通透的外形是为了获得更多的景观资源。色调为中性的灰色系，期望以低调的姿态融入自然山水之间。可惜的是最后这一方案未能实施。

辛亥革命博物馆坐落在武昌首义广场中轴线上，这座雕塑感很强的建筑看似与晓明以往的设计风格有较大的变化，但细细琢磨，仍能从中看出其设计理念的一脉相承。首先是基于城市设计视角的思考：与湖北剧院底层架空开放给公众一样，辛亥革命博物馆也希望是一座能让观众近距

离接触和体验的建筑。建筑设置了能让观众拾级而上的公共平台，观众置身其中，往北可以俯瞰整个首义广场，对望百年前的辛亥革命临时政府旧址，往南可以经过一道玻璃钢桥穿过博物馆到达南部的首义公园。他觉得建筑物不应成为城市轴线上的阻碍物，而应是可供观众穿越、为观众提供欣赏的可能、使其获得一种全新体验的空间。其次是建筑正三角形的几何形体来源于对周边黄鹤楼和蛇山景观视线的保留，是一种从更大尺度尊重环境的一种方式。追求建筑外形与结构逻辑相吻合是晓明的基本价值观，是他多年来始终坚持的设计原则。在这一点上，可以说辛亥革命博物馆是湖北剧院的升级版，也是光谷国际网球中心的先导。晓明坚持结构的选型与建筑外观及室内空间形态相适配，力图将结构构件不留痕迹地处理成建筑的有机组成部分。辛亥革命博物馆的结构体系采用与外形一体化的三角折板钢架来支撑楼板，从而获得没有内柱的大空间效果，赋予布展以最大的自由，同时在审美上把建筑结构本身的张力和美感推上了更高的境界。值得一提的是光影在这个作品中也扮演着重要的角色，如同路易斯·康运用天光所产生的奇妙效果，晓明在博物馆展厅和公共休息厅之间的屋顶设置了2m宽的玻璃顶棚，展厅入口和休息厅之间以桥相连，为的是让天光可以穿过各个楼层，使光线在展厅粗糙的实墙上产生灵动的影像。

在进行神农架机场设计之前，他花了大量精力研究当地"架木为屋"的传统建造方式，以及周边的地形、光照、气候等方面的因素，最终这些因素成为设计的基因。他摒弃了模仿民居的方式，用当代技术实现了大跨度树状支撑结构体系。建成后，神农架机场获得了当地民众的普遍认可：虽非木造，但传统韵味甚浓！

晓明在其大多数作品中都喜欢采用中性和灰色系，强调低调淡雅和当代性。但这并不意味着他拒绝对颜色的研究，他会针对不同的项目而做出对色彩的判断，在辛亥革命博物馆设计中，他就大胆使用了黑与红。用浓烈的色彩来反映建筑的革命纪念气质，同时也与荆楚传统建筑的基本色彩相契合。在神农架机场设计中，他用红色金属屋面作为屋顶，以色彩的方式回应了当地民居"架木为屋"的传统。

建筑师是一个需要长时间凝练的职业，从"吃百家饭"到"自成一格"体现了建筑师"他律"到"自律"的过程，晓明从业初期的设计手法多变化，经过30年时间的历练，从过分强调张力和灵动，逐渐变得更加内敛而自省。近些年来他更喜欢采用优雅简洁而富有纯粹性的几何外形，他的作品也体现出他对材质更细腻多样的把控及运用能力，以及对环境和尺度更深刻的思考，和对建筑节能及采光等方面的创新性解决能力。湖北省图书馆新馆在内部空间的处理中，比以往的项目显得更加温馨和人性化，高达30多米、拥有大跨度弧形玻璃顶的恢宏中庭为读者提供了殿堂般的空间感受，大小不同的三个中庭给整个阅览区提供了充足的采光，开阔宽敞的阅览室也给室内空间抹上一层充满诗意的色彩。长江传媒大厦则是在塔楼的东西向垂直设置若干两层通高中庭，化解不利朝向的同时，还为塔楼中的上班族提供了休闲放松的空中绿洲。光谷网球中心将结构杆件外露形成遮阳体系，结合内倾的形体来实现自遮阳效果，两项相加在夏天可减少40%的热辐射。

本人从事绿色建筑研究20余年，看到许多所谓的绿色建筑的设计过分堆砌技术，忽略了建筑设计的全面价值。技术是建筑师绕不开的话题。海德格尔曾说过：技术可能使人迷失方向。晓明对此颇有心得。他希望能够出色地驾驭技术为人服务，而不是被技术所驾驭，他反对以炫耀技术的方式标新立异以及对建筑形态的过度设计，他不刻意追求所谓的科技感。他关注技术对设计和人的意义，他强调，除了技术，建筑师还应关注建筑的文化价值。

晓明关注行业的最新动态，与时俱进，努力将现代科技的最新成果整合到建筑设计中，在多年坚持手绘草图的同时，他也将最新的数字模拟等先进技术加入到设计的过程中，达到可以进行量化评价的效果。他设计的湖北省图书馆新馆的风、光、热环境模拟就是和我院建筑技术教授一起完成的，他们运用了当时最先进的软件进行数据计算和模拟，通过模拟发现了一些仅凭直觉无法察觉的关键点，为建筑提供了真正的绿色性能。在中庭的玻璃采光顶上，利用先进的数字控制传感系统，形成一套精巧的被动式通风系统，传感器可实现对天窗开闭的控制，从而引导不同气候条件下的空气流通方式，让整座建筑在过渡季节大部分时候仅需通过自然通风就能维持室内温度的稳定和舒适，巧妙至极。这些设施虽然由于投资及制造等原因未能完全实现，但这个过程却是一个难能可贵的探索。从湖北省图书馆新馆设计可以看出晓明对环境的关注，以及他对现代技术利用和审美取向的确立。这个建筑大量使用可再生材料，是一个优美而讲求科技的作品。

陆晓明近期的作品显得更加温和平实，风格也更加成熟，光谷国际网球中心就是一例。他将建筑外形与结构体系整合的构想在光谷网球中心中运用到了极致。外形上他选择了单纯的圆形，以便和网球比赛最佳观赏效果的碗形看台相契合，直接暴露了结构，使整个建筑看上去由类似于骨骼的结构体系支撑起来。建筑外部将64根双曲斜柱挂在玻璃幕墙的外侧，塑造了灵动有力的建筑外形，不仅在视觉上获得了富有动感，流畅的线条，同时也让人惊叹——原来可以用结构本身而不是艺术雕饰来作为建筑的造型语言。一方面极力简化建筑构件，另一方面尽可能使其所承担的功能更加复合多元。网球中心的外骨架集造型、结构、幕墙、遮阳、泛光五种功能于一体，追求极简而纯粹的效果。在该建筑中，晓明对传统文化的提炼和隐喻仍在延续，为了过滤入口门厅环廊的嘈杂，在观众休息廊与门厅之间设了一道穿孔铝板拉索幕墙，在门厅一侧，利用穿孔板上孔径大小和光线的变化，幻化出一幅具有中国水墨意境展现运动场景的写意画卷。由内往外看，有着传统纱帐的感觉。网球中心极简的细节和丰富的光影给观众带来难以言表的愉悦感。网球中心的设计体现了灵动而不失稳重，现代而蕴含传统，含蓄而不失生动的气质，而这正是晓明多年来追求的目标。

作品如其人！晓明的作品和他的性格一样，外表冷静、沉默，内心却充满一种激情和浪漫，温和而不极端，灵动而不怪异的风格在他的作品中表现得淋漓尽致。晓明思想解放，不走套路，勇于打破各种条条框框，以优雅、大气、游刃有余地展现建筑轻盈、通透、灵动和富有科技感的建筑美学。风风雨雨三十年的建筑实践中，他一直对建筑设计充满了热爱和情怀，也一直在追寻着建筑的梦想。

大象无形，大音希声，大道至简！在看多了某些晦涩难懂的建筑理论和哗众取宠的建筑造型后，也许他努力践行和追求的才是建筑设计的永恒法则：适用、经济、绿色、美观。

基于思考和探索的建筑实践

Architectural Practice Based on Thinking and Exploration

在建筑师进行建筑创作时，往往会思考许多问题。对这些问题的不同解答会得到不同的建筑设计。提出问题、分析问题、解决问题的方式是完成建筑设计行之有效的途径，也会给建筑创作带来有益的帮助。

建筑与文化的关系，建筑与环境的关系，建筑与形体的关系，建筑与空间的关系，建筑设计与绿色技术的关系等问题一直是我设计过程中关注和思考的问题。在三十年的建筑设计职业生涯中，对于这类问题的关注与解答，逐渐形成了基本的建筑设计观点。

关于建筑传承，主张采用现代语言，反映传统精神，体现建筑神韵。关于建筑形态，提倡灵动和通透感。关于绿色建筑，希望通过建筑设计的手段，在追求建筑美观实用的前提下，实现遮阳、节地、节材、环境保护的理念。关于建构技艺，强调一体化，将结构、设备与建筑融为一体。关于建筑环境，力求建筑与自然环境的融合，尊重真实自然的地形现状，而不是人为地推平了之，通过微地形的塑造加强建筑与场所的融合。关于建筑空间，选择真实的结构，反映建筑的空间逻辑，而不是通过装饰的手段实现。

一、基于传承的建筑创新

文化、传承、创新一直是我思索的问题。几千年来，中国传统建筑一脉相承，是一个连续完整、相对独立的发展体系。传承是要从传统建筑文化中汲取营养，绝非单纯地怀旧和照搬照抄，创新是在传统建筑的元素上提炼升华，绝非天马行空似的无拘无束。建筑创作的关键是找到传承与创新的平衡点。中国现代建筑应立足本土，开拓视野，面向未来，走民族与现代相结合的道路。当代建筑师应善于发掘本民族传统文化的精髓，在现代审美的视野下，用现代的建构技术与视觉语言加以阐释与展现。在现代建筑中体现中国文化的传承与创新，创作出具有中国特色、时代风格的现代建筑，这是我一直追求的目标。

1. 关于传承

文化是可延续的，中国文化的最大特点就是延续了五千年而从未间断，这可能与重视文化的传承是分不开的。虽然近年来国际风格成为主流，但传统文化不应被割裂或抛弃。要让优秀的文化基因得以延续下去，传承就成为一个首要手段。尽管不同的国家地区的文化不同，但建筑师们都对建筑传承给出了各不相同的答案。在建筑设计中，不论是应对环境，整合技术，营造场所，还是处理形态、塑造空间，各方面都离不开对传统建筑的传承。

传承和创新并不矛盾，有人担心传承会阻碍创新，答案恰恰相反，传承不仅不会影响创新，反而使创新变成有源之水，而不是无本之木。

如何传承中国的传统文化，如何创作出具有时代感的建筑作品，可能是每个中国建筑师都要思考的问题。是大胆反叛，颠覆传统，还是谨慎谦逊，尊重并传承传统，这是一个值得思考的问题。

建筑作品离不开地域文化和生存环境，建筑创作离不开建筑所处的人文和自然环境，特定的环境产生特定的建筑，一个好的建筑应根植于所处地域特定的地理环境及人文环境，同时也要反映时代的风格特征。中国传统的大屋顶建筑就是中国建筑前辈传承传统文化中追求写意、追求动感的特征，是"如鸟斯革，如翚斯飞"的生动写照。

传承的重点是中国建筑文化的思想部分。中国建筑文化的物质部分可以延续，但不是重点。因地制宜，负阴抱阳，以人为本，天人合一，讲究秩序，崇尚礼仪等都是优秀的传统建筑思想，传承的关键是把这些思想精神应用到当代建筑的设计中，探索和创新现代的中国本土建筑形式，并适应科技进步和社会的发展，努力寻求当代中国主流的建筑形式和风格。

传承的设计来自方法而非手法。手法带有个性化色彩，方法则表现为某种逻辑的推演。正如法国哲学家德勒泽所言："建筑之艺术性就存在于建筑构件之间的聚合关系之中。"当代涌现了许多基于文化传承进行创新的建筑师。比如家喻户晓的建筑大师贝聿铭，是一个同时拥有着深厚东方文化底蕴和西方教育背景的人，对于传统文化思想和现代西方美学的结合堪称完美。他的作品是传统与现代，东方与西方文化融合的典范。我去看过大师的很多作品，比如苏州博物馆、华盛顿国家美术馆东馆、纽约四季酒店、多哈伊斯兰艺术博物馆、日本美秀美术馆等，都留下了深刻的印象。在这些作品中，贝聿铭的设计举重若轻，运用非常简单的造型语言诠释不同文化的建筑，充分体现了东方人的含蓄和内敛。这些建筑的表现形式虽然都非常几何化、抽象化、纯粹化，但却反映了当地的文化特质，因而使人产生不同的文化联想。比如苏州博物馆，通过几何形体的组合，将中国古典的山水画融入设计理念中，呈现为一幅立体水墨山水；四季酒店同样的形体组合却反映出哥特式建筑的文化内涵；伊斯兰艺术博物馆采用类似的几何形体又体现了伊斯兰文化的神韵。

日本战后全面重建，给建筑师提供了很多创作的机会。在日本研修时，从日本建筑师对传统和现代的理解与阐释中得到很多启发。对其现代建筑中蕴含的传统文化基因印象深刻。矶崎新、安藤忠雄、谷口吉生先生发掘本民族和建筑的特征，而用现代的语言加以阐释，最终获得成功。谷口吉生设计的丰田美术馆就是最好的例子，采用现代的建筑材料和造型语言诠释了日本传统的建筑构件"障子"，成功解决了整个美术馆自然采光的需求，同时避免了眩光。

回国后我慢慢地开始思索现代与传统的关系，材料、形体对建筑的影响，逐步形成了今后在现代建筑创作中发掘本民族传统建筑的特征，用当代的语言加以演绎的设计思路。最美的建筑，应该是建立在传统文化基础上的，同时具有现代气息的建筑。

2. 关于创新

为什么要创新是个值得思考的问题。经过千百年来的传承，中国建筑形成了自身完善的体系，独具一格。时代在发展，因循守旧、抱残守缺终不是办法。只有创新才能更好地将传统建筑文化发扬光大，才是最好的传承。创新强调要从过去的建筑中吸取营养，结合当今生活形态和建造方式，并与当代审美和科技相融合。建筑创新不是以牺牲功能为代价，不是一味求异求奇。缺乏空间与功能的逻辑，缺乏地域文化内涵的建

筑，往往华而不实、奇而不美，甚至怪诞荒唐，不可理解，也不会得到社会公众的喜爱和认同。建筑创新应新在功能，新在科技，新在时代，新在文化。创意是人类的智慧和自然的结晶。创新是一个建筑师的首要任务，是建筑师将传统的基因融入现代建筑中的过程。温故而知新，创新不是让建筑师信马由缰地随意发挥，而是在传统的基础上适度创新，温和创新。

那么建筑师究竟应该如何创新呢？从人文层面上来看，应从传统哲学"天人合一""返璞归真""有无相生"等思想中寻找内在的形式本原，从传统文化精神层面中吸取智慧运用到建筑创作中。从设计过程上来看，单纯模仿传统建筑的形是很容易的，难的是用现代的造型语言传递出传统建筑的意。后者是需要从传统建筑的精神层面进行提炼，是消化、升华后再创作的过程，而前者只是简单的模仿和拷贝行为，少了很多创造的成分。

在湖北工作的建筑师如何创新？楚文化是中国文化中最为瑰丽而又风格独特的一个分支。作为一名在湖北工作的建筑师，从荆楚传统文化、地域特征中寻找创作灵感是一条必经之路。将楚文化、楚建筑的特点提炼在现代建筑的外形之中。楚文化有崇尚自然、浪漫奔放、兼容并蓄、超时拓新的文化元素；荆楚建筑有庄重与浪漫、恢宏与灵动、绚丽与沉静、自然与精美的人文精神，以及高台基、巧构造、深出檐、精装饰、美山墙、红与黑的风格特征。宏伟壮观、巍峨辉煌的楚国建筑的这些独特内涵给当今的建筑创作提供了很好的启迪和素材。

灵动而浪漫是楚国传统建筑在形态上的一大特征，是从精神层面上传达出的特质。飘逸而写意的精神特质又是传统荆楚文化所特有的，这些都可为现代建筑设计提供若干物化的启发。

灵动、飘逸、写意等都是传统建筑物质表象下的精神内涵，也是当代荆楚建筑设计要把握的风格特征。

湖北剧院在设计构思时，我觉得应该进行多维度的探索。在文化的维度上，应具有荆楚文化拓新与超前的特征；在时间的维度上，是传统建筑与现代艺术美妙的融合；在空间的维度上，让

湖北剧院

建筑内部空间与外部环境进行对话。一个富有新意、以"黄鹤·鼓琴·歇山"为主题的设计方案在脑海中逐渐形成：如黄鹤展翅般具有动感的造型是最能表达湖北剧院位于蛇山黄鹤楼脚下的地域特征；鼓与琴是中国传统中重要的乐器，通过鼓形平面和斜屋顶上的肋来唤起对鼓和琴的联想，体现剧院的文化特征；结合主舞台空间高度的功能需要，剧院正面屋面向后掀起，形成歇山屋顶的轮廓线，从而体现中国传统建筑的意向。建筑造型勾勒出鲜明的建筑轮廓，形象轻巧，富有动感。湖北剧院的设计尝试体现地域、音乐与动感等元素，并以现代的建筑语言和材料表达荆楚文化内涵；使用现代建筑材料和建造技术，建筑现代而富有东方古典韵味，令人耳目一新。

琴台文化艺术中心的设计追求建筑与自然的和谐统一。方案遵循以知音文化为线索、融合山水自然之灵气的原则。造型从传统的写意手法入手，运用形体象征艺术，取"凤凰·琴"的寓意。建筑希望具有多义性和多种阐释的可能，强调了楚人崇凤文化和知音文化的结合，可以解读为腾空欲飞的凤凰。建筑的外墙密柱竖向阵列排布，产生宛如琴弦一般富于韵律和变化的效果。建筑外形体现灵动、飘逸、腾飞的特性，具有诗情画意，追求一种"清风明月本无价，高山流水自有情"的意境。

设计也挖掘了诸多荆楚建筑文化的内涵，以现代的造型语言体现了多种楚国传统建筑元素。

楚人"有尚赤之风"，观众厅的外墙和内墙选择了楚国传统的红色；沿湖以大尺度缓坡烘托了主体建筑，与楚国建筑"层台垒榭"的手法相吻合。琴台文化艺术中心的设计体现殿堂高大、庭院深邃、长廊环绕、流水曲折，富有诗意；也是传统文化的魅力——"东方神韵，妙在似与不似之间"的现代演绎。

如果说建筑是凝固的音乐，那么也希望通过这两个文化观演建筑的创作，表现出音乐中所包含的不同的韵律及独特的魅力。

中国传统建筑取法自然，偏爱曲线，善于用柔美的线条勾勒出自然的形态特征。湖北省图书馆的设计中尝试将传统的线形元素充分发挥运用于现代建筑造型中。湖北省图书馆老馆始建于1904年，具有"楚天智海"的美誉。湖北省图书馆新馆选址于沙湖之畔，环境优美。新馆构思立意的过程也是地域文化的提炼过程，是对代表楚文化意象的造型元素不断探寻、比较、选择的过程。目标虽然明确，但过程并不顺利。熬夜构思着无数个方案，都不满意、一一否定，我陷入迷茫和困惑中。无奈中回到实地现场，徘徊逡巡，来回走动，以虔诚的心境去接近自然，希望找到突破口。机缘巧合，偶然之中看到南宋马远的《水图》，惊叹古人智慧：将流动的水面抽象提炼成了一组组灵动的线条。顿时茅塞顿开，灵感突现，突然意识到线条在中国传统艺术中有着举足轻重的地位，决定采用线条来塑形。困扰多时的

湖北省图书馆

神农架机场航站楼屋面

找形问题迎刃而解。湖北省图书馆新馆水平线条阵列排布所体现的线形之美、灵动之美，弘扬了楚文化富于想象、充满生命激情的气质，成为一座当代荆楚建筑。沙湖边，建筑的线形元素与微波荡漾的湖水和谐共生，呈现出"大道至简"的独特画面。

传统建筑提倡融于环境和与自然共生的理念。在设计之前，必须深入了解当地的气候、自然和风土人情，建筑应该和它所处的场地融为一体。神农架机场为小型支线旅游机场，设计的目标是成为融合当地特色和现代风格的航站楼。神农架地区是多种文化的汇聚地，物华地灵，美不胜收。神农在此"架木为梯""架木为屋"的传说，为航站楼的设计提供了有益的创作素材。由于处于自然保护区，因此将"师法自然，化整为零"作为设计的策略。建筑尽量控制形体的高度，造型采用三角折板的屋面组合，呈现峰峦起

伏的状态，呼应群山连绵起伏的天际线，也可看出传统建筑坡顶的身影。虽然采用现代的建构方式，整体形态仍与周边的自然景观取得一种和谐宁静的对话关系。

建筑设计的重要环节在于场所的重构，包含着适应环境、改造环境和表达环境，这一过程伴随着谨慎"优选"传统文化的基因，其基因的改变是自我生存机能的调节，以便得到进化和重生。在地域与文脉的交融中，促进进一步的升华。在传承与创新过程中，不可缺少的环节包括生长、适应、改良和变异。

武汉新城国际博览中心和新疆国际会展中心的传承创新基于文化视野和城市精神的维度考量，体现建筑文化之意。

传统楚文化中具有浪漫的观念、恢宏的观念、和谐的观念。《楚辞》就是楚文化的代表，逸响伟绝，卓绝一世，文采斐然，反映了楚国的

武汉新城国际博览中心展馆

地域风格。在武汉新城国际博览中心的设计中加以体现。

武汉新城国际博览中心是中西部地区规模最大的现代化会展综合体。位于汉阳江畔、知音故里。此地历史文化底蕴深厚。知音文化是其特有的文化资源，《列子·汤问》中，伯牙和子期"高山流水遇知音、彩云追月得知己"的故事，充盈着人间的真情。相传战国时期樵夫钟子期能深刻地领会琴师俞伯牙所弹奏乐曲《高山流水》的"志在高山，志在流水"的意境，两人从素昧平生结成了生死不渝的知音，传为千古佳话。知音传说成为此地的文化之魂。另外，汉阳也以山水文化著称，江河湖泊星罗棋布，大小山体穿插其间，风光秀美。

构思以音乐和山水作为切入点，希望能设计一座反映汉阳特有的知音与山水文化的现代会展建筑。编钟是湖北战国时期乐器的代表作，设计将展厅布置成两两相对的编钟形态的展厅，体现音乐的韵律，在"形"和"韵"两方面传承音乐文化。展厅四周布置环形的人工水系与汉阳的自然水体连通，博览中心呈现出漂浮于水上的场景，成为独一无二的水中博览城。

展馆建筑群以绿植庭院为中心，12个编钟形态的展馆两翼合抱，呈环形布置，蕴含"山形水势、钟鸣盛世"之意。建筑简洁的轮廓抽象大气，波浪状的曲线舒展灵动，回应了山水与文化的独特魄力，集会展、会议、旅游、休闲、文化、商务、服务于一身，成为美丽江城的一道风景线。

新疆国际会展中心不同于武汉新城国际博览中心，是以体现城市精神的层面作为创新点。新疆位于亚欧大陆中部，幅员辽阔、地大物博、山川壮丽、瀚海无垠、古迹遍地、民族众多。对建筑师来说，为新疆维吾尔自治区设计国际会展中心是一次难得的机遇。

新疆国际会展中心

　　凯文·林奇在他的著作《城市意象》里写道："任何一个城市都有一种公众印象，它是许多个人印象的叠合。或者有一系列的公众印象，每个印象都是一定数量的市民所共同拥有的。"那么新疆的国际会展中心应该是种怎样风格的建筑呢？是要反映当地少数民族风俗和形式，还是展现当代新疆的精神风貌？答案当然是后者。如果说悠久的历史和浓郁的民族风格是在诉说着这座城市的过去，那么新世纪民族团结、和谐发展的精神风貌则是在讲述着这座城市的现在和未来。如何将现代手法与乌鲁木齐城市形象和精神以及城市文化融为一体是设计的一大难点。诗仙李白"明月出天山，苍茫云海间"的诗句提供了线索，"明月出天山"正是当代"新疆精神"的体现。"天山"是新疆各族人民的精神图腾，是民族团结奋进的象征；"明月"则代表了新的时代，也代表光明与和谐、发展与进步。"明月""天山"不仅仅是对新疆自然地理环境的提炼，也是一种精神的物化和文化提炼。造型采用抽象隐喻的手法勾勒出雪峰、明月的意向。雄伟、庄重、舒展、轻盈、腾飞的建筑形象与气质，是设计追求的目标。设计符合梁思成、林徽因在《平郊建筑杂录》中提出的"建筑意"的概念。

　　两座会展中心都是基于文化的视野下的设计，但又回应了武汉和乌鲁木齐两个城市的不同文化背景，以浪漫的构思和舒展的形体，反映了当地各自的地域文化和城市精神。

　　以上六个项目都是基于对传统建筑思想传承的基础上，尝试创新的探索。或从地域环境，或从文化特征，或从城市精神等方面进行的摸索。

二、基于环境的场所营造

　　传统哲学主张"天地人同源"，人与自然是

中国银行湖北分行

湖北省博物馆三期工程

共存的，不是相互抵触的。传统的中国建筑追求与自然环境融为一体，讲究与自然和谐的思想。中国传统建筑十分注重建筑与环境的相生相融的关系。建筑与环境的关系可分为两个层次。第一个层次是建筑设计需考虑与周边环境的有机结合，不显得突兀。这个环境包含了人文和自然两方面。第一个层次所表现出来的建筑像是从景观中生长出来的一样，不仅贴切而且成为环境的一部分。第二个层次是从建筑物内部空间上更好地对周边环境资源加以整合利用，使建筑最大化地获得景观视野。从第二个层次来看，建筑的透明性显得尤为重要，积极地使用玻璃和钢材等现代材料，自豪地展示自身的结构和功能，这也体现了设计追求灵动的风格和态度。

设计要很好地解决新建筑与场所环境的协调呼应，以及历史文脉的传承与延续问题。在项目之初，首先应当针对场所的物理复杂性和周围环境的状况，做出正确客观的分析，在设计之初就把所有的问题考虑在内，然后一一回应。

建筑场所的营造也是基于人文和自然环境的。武汉两江交汇，湖泊众多，山、水资源丰富，为营造建筑与环境，空间与场所的关系提供了得天独厚的条件。如何使建筑与环境融为一体，如何使建筑充分吸纳景观资源，借景利用，是在设计中重点考虑的问题。可采用嵌入、外接、叠合等多种生成模式，构建宜人的空间场所。

湖北剧院由于用地狭小缘故，观众休息厅会给人局促的感受。建筑基于周边丰富的人文自然资源，运用中国园林的借景手法，外墙采用270°玻璃幕墙，将碧蓝的天空、飘动的白云、隐约的远山、苍劲的树林等自然景观以及稳重典雅的黄鹤楼、清丽秀美的白云阁以及古典庄重的红楼引入建筑。室内视野顿觉开阔，宛如一幅风景画卷。采用外接的方式，营造了充满艺术感染力的空间场所。

除了湖北剧院以外，还有琴台文化艺术中心

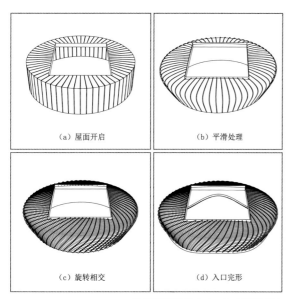

（a）屋面开启　（b）平滑处理

（c）旋转相交　（d）入口完形

光谷国际网球中心15000座网球馆

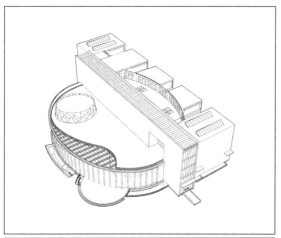

湖北省艺术馆

也大规模运用透明的玻璃，使外部景观能最大化被利用。琴台文化中心北侧为汉江，南侧为月湖，西侧为梅子山。周边山水资源丰富。将建筑放在抬起的坡地之上，使之具有更好的视野。在建筑外围布置可环通的景观视廊，隔着通透的玻璃，湖光山色尽收眼底，成为一个360°的观景场所。

设计还可以在建筑的架构体系中嵌入开放体的形式，实现建筑与城市环境的渗透。中国银行（图6）这个项目一开始就希望以独特的形象取代那种简单呆板的方盒子，利用东面邻湖的地理条件，在南北两栋办公楼中间设一个通高中庭，建筑拥有观赏湖面景色的最大视野。将主要的功能空间面朝湖布置，正对湖面的营业厅采用了弧形的玻璃大中庭的形式，形成了一个视野开阔的开放营业厅，空间灵活多变的场所，也是一个充满了戏剧性的空间。将建筑底层架空，使高架的营业厅取得更好的观湖效果。

湖北省博物馆三期工程北侧为二期老馆，南侧为东湖，针对这一特定条件和环境，对北尽量尊重既有建筑，将形体控制在老馆檐口之下，避免三期建筑形体的突兀，并与老馆融为一体。对南尽量利用湖面景观资源，采用"引"的方式，设置了通透的玻璃中庭。设计为全玻璃支撑的玻璃幕墙体系，尽可能地获得通透的观湖效果，观众在参观过程中，可以更好地欣赏到湖面美丽的自然风光。

这四个建筑都处于山水边，建筑采用透和隐的方式取得了与环境的和谐共生。结合优美的环境，营造与之相呼应的空间场所，是对传统哲学中"天人合一"理念的最好诠释。

三、基于纯粹的形体生成

中国传统艺术中讲究心物对应、形神合一，追求意境和神韵，善于运用简单的元素表达丰富的内涵。"删繁就简三秋树，领异标新二月花"这句诗正好可以用在对建筑形体极简化的追求上。

建筑形体的选择应当回归本原，追求简洁有力的形体。注重"纯"与"粹"的内在逻辑关系及真实性，方形、圆形、三角形这些柏拉图式的基本的形体成为设计中的首选。越是简单而纯粹的形体越能体现某种力度和张力。设计经验告诉建筑师，对简单纯粹形体的把控往往比复杂组合形体更难，需要建筑师有高度的整合与概括归纳的能力，才能将各种复杂的功能需求一一妥帖地安排在简单的形体之中。

湖北省艺术馆旨在创造一个别具一格、功能完善和城市高品位的公共艺术场所。建筑师认为创造一个简约明晰的建筑造型定会引起人们的高度瞩目，并给人留下深刻印象。以方与圆的有机组合，形成体块穿插为基础的线条明了的几何体，造型的简略性和材料的统一性成为其最鲜明的特色，从艺术馆的艺术气质和实用性考虑，建筑的形象应该体现理性与感性的交织。理性与浪漫的交织也体现了对艺术馆设计追求的目标。理性中包含了感性，感性中彰显出理性。"方"和"圆"，两种最简单的形体实际上也是对功能和空间的最好解读，方形代表理性、适用、宁静、敦实，适合于艺术馆展厅功能的需要。圆形代表感性、活泼、浪漫、柔美，适合于公共大厅与休息厅等公共交流空间的功能需求。采用方和圆两种纯粹简洁的几何形体的有机组合，可以获得清晰醒目的建筑形象。方和圆的有机穿插本身就是一种艺术的美学。

辛亥革命博物馆是为了纪念辛亥革命武昌首义100周年而兴建的一座专题博物馆，其特殊的地理位置和规划条件对设计师来说是难点也是机遇。从整个城市及景观视线等方面着手分析判断，地块北面的蛇山既是区域制高点，同时也是最佳观赏点。设计试图保留基地与蛇山重要景点的景观视觉联系，形成了博物馆与黄鹤楼和蛇山炮台两条相交的景观视廊，自然形成了一个正三角形。形体的产生是基于对环境和视线的分析后得到的。三角形的雕塑感强，简洁有力，适合辛亥革命博物馆的氛围。将正三角形内凹形成变异的三合院布局形式，与百年前的U字形辛亥革命临时政府旧址（红楼）在空间上形成围合与对话关系。建筑需将实用和审美结合起来，如果单纯考虑审美，不讲实用，就变成画家和雕塑家了。通常三角形的平面会导致使用效率不高，辛亥革命博物馆解决问题的策略是在平面布置上尽量采用展厅规则、公共空间自由灵活的原则，利用三角形的两翼相对规整的区域布置展厅，利用不规则的空间布置楼梯、管井、卫生间等辅助用房。解决形体与使用功能之间的矛盾，保证了展厅的规整实用。

光谷国际网球中心15000座网球馆设计之初，经过研究得出圆形的观众看台更容易提升观赛氛围的结论。因此外形设计成圆形，但圆的形态往往会产生呆板的感觉，设计尝试以斜向的杆件采取编织的手法，运用于圆形表层曲面壳体的建造

辛亥革命博物馆轴线

25

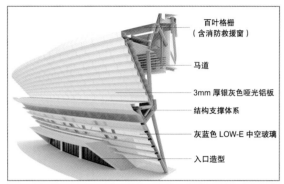

百叶格栅
（含消防救援窗）

马道

3mm 厚银灰色哑光铝板

结构支撑体系

灰蓝色 LOW-E 中空玻璃

入口造型

乌鲁木齐奥体中心外表皮研究

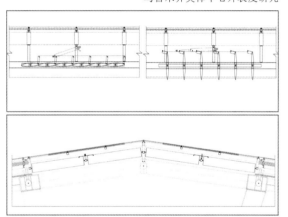

五环体育中心天窗电动百叶

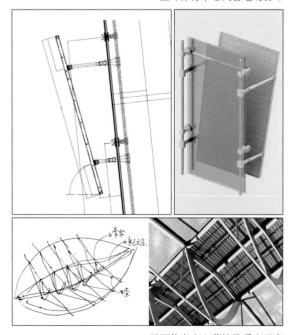

五环体育中心幕墙及采光天窗

上，形成向上升腾的效果，使其获得动感和律动的视觉感受，在建筑的设计中体现出一种罕见的人情味。乌鲁木齐奥体中心体育馆也是一个圆形建筑，采用的策略是以水平的线条环绕圆形外壳往上环绕来打破呆板的感觉，形成动势，随着观看角度的变化，会得到不同的效果。这两个馆的造型语言虽不相同，但都使建筑获得了灵动和变化。希望通过这两个体育建筑，体现运动之美，也洋溢着传统荆楚建筑基因中异常强烈的生命活力，激越雄浑的形体动感，追求化静为动、动态平衡、活跃向上的气质。

两座体育馆虽然外观都是圆的，但采取不同的生成方式，用不同的建筑语言，给人带来不同的视觉感受。

四、基于光影的氛围营造

光与影是建筑的色彩，"让光线来做设计"是贝聿铭的名言。在他的作品中光影与空间的结合，使人的感受变化万端。光影也是许多建筑师用来营造空间氛围的手段。

光和影单独来看都是一种物质的表象，但在建筑空间中，光与影的组合有时会产生某种奇妙的效果，可以让建筑的使用者感受到一种精神层面的愉悦感和神圣感，在特定的空间中也会产生令人震撼的感受。因此设计中对光影的把控与运用，往往成为建筑师追求的目标。在里伯斯金和安藤忠雄的作品中都有很多成功的案例。然而，对光影的度的把握及巧妙的运用，不是每个建筑师可以轻易掌握的，也不是可以一蹴而就的，而是一个长期积累和实践的过程。

对光影在空间中氛围的营造是以往设计中着重强调的内容。从早先的武汉体育中心的体育馆和游泳馆对顶部采光窗下加电动百叶带来柔和的光影感觉的做法，到后来湖北省艺术馆的光廊，再到辛亥革命博物馆展厅的光影墙，不同的空间对应了不同的光影策略。

在设计中，光影可以分为点，线，面三种方式。乌鲁木齐奥体中心体育馆中采取与结构竖杆相结合的导光筒设计，是"点"的方式；新疆国际会展中心展厅顶棚的采光处理，让阳光充分照进室内的展厅空间。乌鲁木齐奥体中心体育场观众环厅顶部的环形采光窗，采用的是"线"的方式。五环体育中心与结构相结合的采光天窗，长江传媒大厦屋顶的玻璃采光顶，湖北省图书馆中庭采光可随着季节与日照的变化调整角度，让室内充满自然光的气息，采用的是"面"的方式。这些建筑中对光与影采取了不同的处理方式，获得了不同的效果。把建筑从被动接受光线的物体，转为主动表现光影的载体。

湖北省艺术馆从城市设计的角度出发，建筑主体面对广场前曲后直，公共大厅透明流动的曲线为"虚"，让人联想到艺术的纯净空灵与浪漫潇洒。东面远离广场的展厅部分则为直线段的"实""虚""实"之间以光廊相接，以光的元素串联"虚"与"实"。光廊的尽端对向省博物馆建筑群，形成了新老建筑的一种延续、对话。艺术馆功能较多，在平面布置上，严格按照动静分区的原则，将不同的功能分区划分清晰，设计将画库、研究用房、展示厅等相对安静的功能集中布置在东侧，采取方形平面，既远离了喧闹的道路，又最大限度地契合了地形。将音乐艺术厅和公共大厅布置在西侧，采用圆形平面，紧邻道路，满足人流出入的便捷，在动、静两功能区之间是采光中庭。光影不仅起到了空间变幻的效果，还具有引导人流，区分动静的多种功能。光廊具有空间动静分隔的作用，也起到一种引导作用，当观众置身于光廊之中，就可以很明确地去往想去的目的地。既解决了内部交通联系的功能，也解决了室内采光的需要。

辛亥革命博物馆每个展示空间均通过"桥"的形式与休息空间连接，两者间设置通高的光庭将自然光线从屋顶引进来，以获得更佳的光影效果，让百年前的历史，晒晒今天的太阳。将展厅的展示功能外化拓展，体现了公共空间与展示空间的融合与烘托。光与影在建筑中产生时移景异、变化无穷、意料之外的效果。

神农架机场设计中，建筑对自然光线的渴求也不可或缺。机场是一个旅行的场所，空间的设计应该有助于将航空从一个烦恼的过程变成一种轻松愉快的体验。屋面中部设置了带有遮阳的菱形天窗，用光线这个元素将办票大厅、安检、候机等空间串联起来。光线经天窗下的大小组合的遮阳膜之间透下，仿佛是从神农架浓密的森林中洒下一样，光影斑斓、气韵生动，为旅客提供了休闲舒适的候机空间。穿行其中，好似在山林中行走，安静而平和。如果你到神农架机场，肯定会享受到自然光给室内空间带来的趣味。

湖北省艺术馆

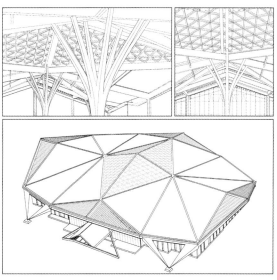

神农架机场航站楼菱形采光窗

这些建筑中不同方式的光影处理，带给人们不同的感受。大部分时候，当正确地运用了自然光线之后，建筑空间会让人产生各种积极的感受：或愉悦，或宁静，或放松，或神圣。也就是说光影对建筑空间的氛围营造起到了积极的作用。

五、基于诗意的建构技艺

"当技术实现了它的真正使命，它就升华为艺术。"

——密斯·凡·德·罗

"建筑结构一体化，因为建筑是诚实的，它们本身就不应该被隐藏。"

——理查德·罗杰斯

结构与建筑的关系是什么？常常有同行问到这个问题。我觉得建筑与结构之间的关系有时决定了建筑的内在与外在的表象。不同的处理方式产生不同的视觉效果，与结构的整合是实现建筑造型的关键，结构可以凭借自身的规律使建筑形式有秩序感和仪式感。使空间变得更加易读和人性化的同时，也具有精神上的认同和情感上的共鸣。建筑与结构融为一体是一种逻辑的需求，也是一种设计的艺术。

建筑造型与结构逻辑应该是真实对应的，在设计中常常有意将建筑的外形与结构受力构件结合起来，融为一体。结构应该是诚实的，它们本身就不应该被遮盖和隐藏。应该用结构本身而不是所谓的艺术雕饰作为建筑的装饰。尽量抛弃以虚假的建筑构件装饰和包裹的做法。宣扬结构裸露，追求纯粹的建构关系。

辛亥革命博物馆北面的八字外墙呈不规则形态，由多个形状不同、大小各异的三角形折面组合而成。希望建筑的折面形体能成为结构的受力体系，达到建筑结构一体化的效果。经过与结构专业的探讨与比选，最终选用折板空间钢架的结构体系，实现了当初的设想。与建筑表皮吻合的三角形空间骨架既作为外墙支撑，又作为楼层竖向支撑结构，同时也作为玻璃幕墙的支撑龙骨，这样的设计使展厅前的公共休息区再也没有常规垂直的结构，形成多面的无柱空间，达到了建筑空间与结构形式的完美吻合。

经过了几个工程的建筑、结构一体化设计的尝试后，在光谷网球中心的项目中运用得更趋成

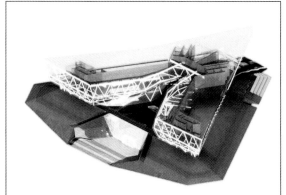

辛亥革命博物馆折板钢架

熟。从构思起就尝试运用动感的建筑造型体现现代体育建筑的新特色，将结构骨架直接暴露在外，用钢结构演绎建筑造型语言。动感的建筑造型体现现代体育建筑的特色。网球馆的造型灵感来源于飞速旋转的网球，建筑单体外表皮以旋转升起的竖向杆件构筑出整个建筑向上飞扬的整体动势，形成"旋风"的造型意象。

建筑作为空间的建构和场所的确立不应仅仅停留在满足人的物理意义的舒适度上，应提升到更高的层次，向更高境界发展，以满足人的文化需求、审美取向等。福斯特认为建筑应该给人一种强烈的感觉，一种戏剧性的效果，给人带来宁静。

在建筑设计中，传统与文脉和科技与技术之间并不存在矛盾。它是一个事物的两个方面，建筑师的职责是寻求两者之间的融合。用技术的手段，追求建筑体现传统文化上的精神，情感认同，同时使建筑空间富有诗意。文化的元素也可融入建构的方式中。对于结构构造节点的处理，因文化、传统等因素的介入而获得了新的意义，从而使作品反映很强的场所精神。

武汉光谷国际网球中心网球馆的设计是探索建筑与空间营造本原的一种尝试。在光谷网球中

心的建筑空间营造中，力图真实地反映建筑与功能、建筑与结构之间的内在逻辑，追求到表里如一的境界。网球馆的空间设计着重考虑了观众体验的层次感。位于室外和比赛大厅之间的观众环厅，外侧以通透的玻璃幕墙界面与室外分隔，观众可以感受到建筑室内环厅与室外景观氛围的交融。除了整体上的传承创新之外，建筑局部也可以成为传承和创新的载体。体育建筑虽然不属于文化建筑的范畴，但仍需重视其文化元素的表达。光谷网球中心在环厅靠近内场的部位采用轻巧的悬索穿孔铝板体系，简洁现代。穿孔板上通过孔径大小的变化形成体现网球运动元素的抽象图案，若隐若现的图案具有抽象中国水墨画的神韵，使原本呆板的界面上具有了传统文化的元素。观众往里进入到穿孔幕墙背面的休息廊时，从内往外看，穿孔铝板又形成了一道类似纱网的界面，产生在透与不透之间的空间效果，随着时间的变化，穿孔铝板会在室内形成斑斓的光影效果，营造出如梦如幻的建筑意境，让观众感受东方朦胧的美学意境。大厅生机盎然，光影斑驳，变化迷离，仿佛是一个虚无缥缈的环境。当观众最后到达比赛大厅，呈现于眼前的是一个完整的碗形空间。比赛大厅的格栅吊顶设计为与屋面相呼应的螺旋图案，采用外阳内阴、外实内虚、互为图底的对应关系。

设计中对于结构力学和建筑美学之间的结合有着不懈的追求。自然界中随处都可以发现力与美的结合，大到一座山，小到一棵树，时时处处都可以为设计提供灵感。在大自然中，树木的形态不仅美观，同时也显示着惊人的力学效率。柱子是结构的主要受力构件。设计中经常使用树状结构，通过树状结构模拟自然中蕴含的力学原理，美的形态能够通过力学表达出来。在建筑实践中常常将树状结构运用于设计中，减少跨度、增加美感、导入光线、富有诗意。在获得高效的受力模式的同时，也体现了仿生人文的建筑美学。结构体系变得更为合理。如神农架机场大厅中支撑屋面的树状柱子，不仅有效地减少了梁的跨度，加大了柱距，同时体现了建筑地处原始森林的地理特点；湖北省博物馆三期工程中庭中采用大跨度分叉巨柱结构，减少了柱子的数量，使观景的视野更加开阔，树状结构还与屋顶采光窗相结合为中庭引入了自然光线；重庆东站候车大厅的结构设计以体现重庆积极向上精神的市树黄

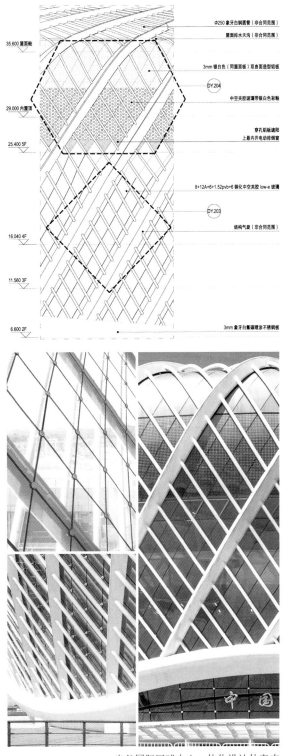

Φ250 象牙白钢圆管（非合同范围）
屋面排水天沟（非合同范围）
3mm 银白色（同屋面板）双曲面造型铝板
DY.204
中空夹胶玻璃带银白色影釉
穿孔铝板遮阳
上悬内开电动排烟窗
8+12A+6+1.52pvb+6 钢化中空夹胶 low-e 玻璃
DY.203
结构气泡（非合同范围）
3mm 象牙白氟碳喷涂不锈钢板

35.600 屋面梁
29.000 内屋顶
25.400 5F
16.040 4F
11.560 3F
6.600 2F

光谷国际网球中心一体化设计外表皮

湖北省博物馆三期工程、鄂州体育中心、重庆东站树状结构

葛树为灵感，采用模仿黄葛树冠盖如伞、枝繁叶茂的支撑结构。当旅客置身于候车厅中时，如同行走在随处可见的种满黄葛行道树的重庆街头，营造浓厚的文化艺术氛围。光线从两侧照入，经过"树枝"的过滤，光影婆娑，变化万千，极富诗情画意。树状结构的分叉分别支撑了商业夹层和屋顶，结构高效，用材节省，效果生态自然；鄂州体育中心体育场的罩棚设计中，运用树状支撑系统解决了看台罩棚悬挑的问题。从看台根部伸出一排向前的树枝状分叉支撑体系，使罩棚受力均匀，也产生了富有韵律的美感。这些案例都是结构力学和建筑审美的结合，都反映了"建构体现诗意"的理念在建筑中的运用。技术的作用也是巨大的，它不仅是一种手段，如果运用得巧妙，也能绽放为艺术之花。

六、基于整合的设计集成

中国哲学讲整体思维，全面、综合、系统地看待一切事物。整合集成的设计策略是这一思想在建筑设计领域的具体体现。整合是一种设计思路，也是一种方法，是将零散的元素彼此衔接，从而实现系统的资源共享和协同，形成有价值的一个整体。整合也是将所有的元素加以梳理、提炼、融合、提升的过程，产生1+1＞2的效果。首先，对建筑不同层次、不同结构、不同内容的元素进行识别与选择，然后，进行选取与配置，激活和有机融合，使其具有较强的条理性、系统性和价值性，并创造出新的效果。这是一个复杂的动态过程。

在建筑设计中，整合就是优化各专业的配置，获得建筑整体的最优效果，整合是一种跨专业的思维活动，可以是两个专业的整合，也可能是多个专业的整合，参与的专业越多，整合的效果也越好。整合这种不是从单一的专业和元素出发，而是整体考量的设计方式也和中国哲学整体思维的理念相吻合。

武汉体育中心体育馆，建筑与结构跨专业整

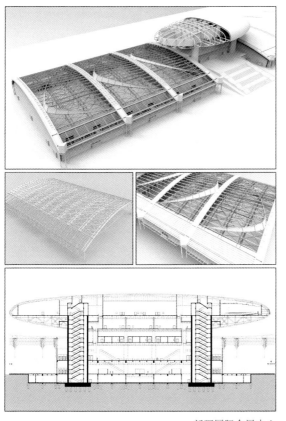

新疆国际会展中心

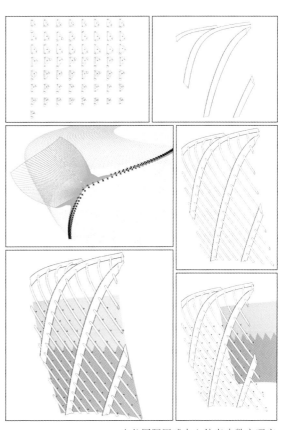

光谷国际网球中心外表皮数字研究

合为一体，屋盖采用具有地域特色的莲花形索承网壳结构体系。在满足结构的支撑功能的同时也实现了建筑上的美观。

五环体育中心整合梭形天窗造型，将建筑、结构、采光整合于一体，实现简洁的美学理念。结构选型依托建筑的天窗造型而形成空间索承网格的新型结构体系，出乎意料的是这种基于建筑造型的结构体系比常规的桁架结构节省20%的钢材。外表皮的单索幕墙也与建筑水丝带的造型融为一体。极为简洁通透，同时也把遮阳和夜间泛光系的功能整合于一体。

新疆国际会展中心将结构体系与建筑构想整合于一体。会议中心悬挑达38m，支撑的结构体系庞大，将疏散楼梯和垂直电梯、管井等结构集成在一起，设计团队从优化框架柱和剪力墙的耗能机制入手，通过在钢筋混凝土框架柱内设置钢骨，在混凝土剪力墙内设置钢支撑，极大提高了建筑结构消耗地震能量的能力，为建筑提供优良

的抗震性能。建筑的主要会议功能布置在五层，包含千人多功能厅、大型会议室、中型会议室及国际会议厅等，将人流如此集中的场所布置于建筑的顶层对消防疏散提出了巨大的挑战。设计充分利用了支撑"明月"部分的两个结构筒体布置疏散楼梯，既满足了疏散要求，又巧妙地利用了支撑会议中心的结构空间。实现了建筑悬挑的造型，也满足了功能上的需求。新疆国际会展中心展馆设计中，对建筑、结构、机电等多专业进行整合，采用设备桥将活动移门和空调消防设备集中梳理到一起，使之有效融为一体。摒弃了传统大空间惯用的空调形式，巧妙地利用展厅之间的隔断设施整合设置能源设备桥，合理地将空调、电力、消防的设备管线布置其中，释放了展厅的内部空间，使得屋面可以自由地开放天窗，原本凌乱的管道、线路和照明装置及顶棚等问题也都迎刃而解了。整个展厅顶部干净整洁无障碍物，充分展示屋面结构美感，又完美地解决了设备技

术对展厅舒适度的要求。

武汉光谷国际网球中心设计中，对于造型如何追求纯粹，如何增加体育建筑轻盈通透的特性成为首先需要思考的问题。建筑造型的外表皮大致可分为五种体系：装饰体系、遮阳体系、泛光体系、幕墙体系和结构体系。为了尽可能地使建筑获得通透性，简化外表皮体系是行之有效的方式，尝试采用一体化设计的手法，将五种体系整合为一种体系。

光谷国际网球中心力图创造空灵动感的建筑形象。建筑外表皮以64根倾斜旋转的竖向杆件构筑出整个建筑向上飞扬的动势，极富张力。立柱既是建筑的造型元素，也是结构的承重体系，又作为外幕墙结构的主支架，泛光灯带隐藏于倾斜的立柱之上，使得建筑室内外视线更加通透，建筑更显得晶莹剔透。在解决工程问题的同时也塑造了形态特征：自由流动的曲线，组织构成的形式及结构自身的逻辑。这种一体化的设计思路将建筑的形式美、功能美、装饰美、结构美完美地结合在一起。

光谷国际网球中心为了满足建筑多功能的需求，屋盖设计为可开启的形式。支撑开启活动屋盖轨道梁的4根大柱子必不可少，带来的问题是：布置在看台区会影响观众的视线及观赛氛围，布置在观众环厅则会显得突兀影响环厅的整体效果。设计思考能否将其与垂直交通的电梯整合为一体，于是将一棵大柱分成四个小柱组合成束柱的方式，4根小柱子中间正好布置观众上下的电梯，巧妙地解决了这个难题。

谌家矶体育中心整合的力度和广度更进一步。不仅从单体建筑本身，将交通、功能、规划等多学科的元素进行整合，在有限的被主干道割裂的用地上，规划出高效且功能复合的综合性体育中心。

另外，乌鲁木齐奥体中心体育馆外皮遮阳与幕墙支撑结合；武汉体育中心改造水丝带与媒体屏整合于一体，每当夜幕降临，飘带幻化为流光溢彩，流动的画面仿佛是一幅具有动感的中国绘画长卷；湖北省图书馆下沉式广场与室外剧场和采光庭院融合等。这些都是整合集成设计的产物。

当建筑师习惯了运用整体思维来做设计时，整合空间诸元素进行一体化集成也成为一种自然而然的习惯性行为。

七、基于本原的绿色建筑

近年来，国内绿色建筑的设计与实践取得了

湖北剧院屋檐遮阳

长足的进步，但也存在一些问题：许多建筑过分强调绿色建筑技术，忽略了建筑设计的本原，忽视了设计对美学、功能等方面的考量。忽视建筑的整合，缺乏建筑学的价值。谈绿色建筑不能脱离建筑审美，不能脱离人文、环境等方面的考虑。绿色建筑绝不是一些技术手段的堆砌，也不是光鲜亮丽的各种指标，更不是激动人心的各种排名。建筑设计的本原，恰恰是通过建筑策略和手法的本底传达绿色建筑倡导的理念。绿色建筑本身也应该是美的建筑，是功能合理、舒适安全、赏心悦目的建筑，也应是与结构、设备等多专业跨学科完美结合的建筑，是对建筑材料及建筑工艺合理运用的建筑。

建筑设计本身是一项复杂的脑力劳动，讲整体，讲融合。绿色建筑也要对建筑整体分析，具体把控，完美融合，对症下药。我们可以从东方文化哲学体系中倡导的整体思维与辩证思维中得到启发，而不是片面地从西方的逻辑思维及推演思维中寻找出路，在这方面，"一人一药"的东方思维比"一病一药"的西方思维更有优势。托马斯·赫尔佐格非常形象地说明了建筑师在工程设计中的角色："建筑师相当于一个乐队指挥而非

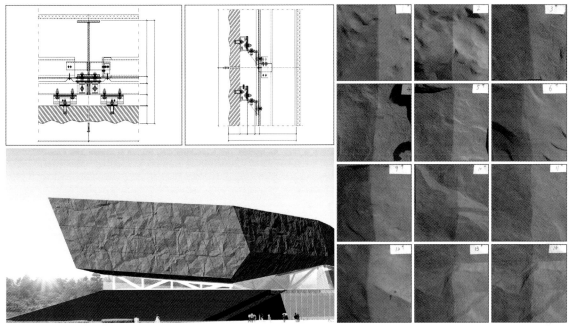

辛亥革命博物馆外墙材料肌理研究

演员，他不必具备高超的演奏技巧，但他必须了解每种乐器的性能，以充分发挥其潜力。"在绿色设计中建筑师也担任着这一统筹指挥的角色。

如何巧妙地将绿色建筑理念与设计的审美、人文、美学相结合，如何体现传统文化的整体观，如何防止将绿色技术与设计本身相割裂，如何在具体的项目设计中选择最适宜的绿色建筑策略，以及其运用的程度、分寸的把握，这些都是建筑师在设计实践中要注重及思考的问题。

中国古人与自然体合无违、和睦并存的思想是中国传统文化基本精神的重要组成，并物化和体现在传统建筑与城市的建设上。传统理念上的天人合一，建筑形态上的宜人宜居，文化意蕴上的和谐灵动，都为我们当今绿色建筑设计提供了很好的营养，这些生态型、环保型、开放型的建筑思想对现代建筑建构具有许多启示意义。自然采光、自然通风、背山面水、巧借景观、就地取材、被动式节能，这些中国古代的绿色智慧启迪我们：绿色建筑不应与城市规划、建筑体形、造型方式、平面布局相割裂，应体现一种综合统一的思想。

绿色设计无论从总体规划，场所营造，形体塑造，结构造型以及材料选择等方面都能找到绿色的应对措施。当然，如果能从多方面同时入手，往往会取得更好的效果。

湖北剧院处于特定的地理与文化环境中。周围荟萃了一批历史文化建筑。当时国内还没有什么绿色建筑的概念，设计中还是尝试如何节省用地，如何用建筑语言来化解场地的狭小与周边道路的逼仄关系，如何与周围景观融合、和谐。建筑主体采用270°透明玻璃的造型形式，能与周边的人文环境相融合，互为因借，其次化解了建筑体量对周围道路带来的压迫感，同时利用夜间玻璃的内透效果，省去了泛光照明的费用，还能在城市的丁字路口上演一幕城市话剧，休息廊中的观众自身也成了剧情中的一员，每天演出着不同的剧目。相应的大面积玻璃的使用也带来了节能的问题，解决的策略是遮阳和自遮阳。建筑深深出挑的飞檐，为玻璃起到了很好的遮阳作用。正面内倾的建筑形体本身也有自遮阳的效果。湖北剧院通过建筑设计与绿色策略相融合的方法，在省地、节能和与环境的融合上取得了较好的效果，同时也赋予建筑灵动感。

辛亥革命博物馆是一个反映辛亥革命历史全过程的博物馆。建筑造型采用赋予粗糙表面肌理具有雕塑感的形体，创造出建筑"破土而出、浑

33

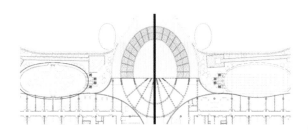

室内风环境模拟			
一层平面 风环境模拟	三层平面 风环境模拟	大中庭剖面 风环境模拟	小中庭剖面 风环境模拟

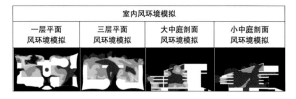

室内热环境模拟			
一层平面 热环境模拟	三层平面 热环境模拟	大中庭剖面 热环境模拟	小中庭剖面 热环境模拟

湖北省图书馆室内热、风环境模拟

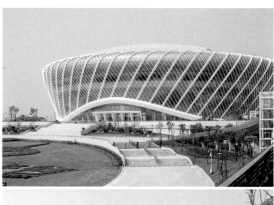

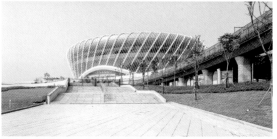

光谷国际网球中心地形起伏

然天成"的艺术效果。为了实现建筑外墙的肌理效果，选择合适的外墙材料成为一个关键因素。辛亥革命博物馆外墙选择的过程并不一帆风顺，令人伤透了脑筋，遇到了瓶颈。最先想用硬度高、质感好、耐久的天然石材，但与施工方交流中了解到：石材想要达到最初设计的连续不规则的且凹凸达到25cm的肌理效果，从造价和人工两方面都很难实现。后来看到国家大剧院音乐厅顶棚连续肌理的一张照片，受其启发找到了相关厂家，商量后决定将红色矿渣掺入轻骨料混凝土和玻璃纤维，形成一种特殊的GRC材料，发现红色矿渣调配的红色，比天然石材更接近设计想要的色彩效果。连续的肌理则通过黏土塑型，翻模后

就具有天然凿石的质感。这种材料是用废料及矿渣加工而成，具有生态环保的效果。建成后的辛亥革命博物馆，屹立在首义中轴线上，就像一块天然凿出的巨大岩石，具有强烈的雕塑感。

博物馆北面的八字外墙采用折板空间钢架的结构体系，建筑表皮的三角形斜柱直接作为玻璃幕墙的支撑龙骨，这种一体化的设计方式，节省了材料，也增加了建筑的通透感，起到了一举两得的效果。辛亥革命博物馆通过对内外墙面材料的运用和适当的结构体系的选择等策略，在保证建筑造型的前提下，达到了环保、省材、降低造价的效果。

湖北省图书馆新馆绿色建筑设计策略是尝试

将中国传统建筑的被动式绿色智慧与现代数字技术相结合，从定性分析到精确定量分析的过程，在专业模拟软件对建筑进行建模计算的前提下。设计经历了模拟计算、设计调整、调整后验算、设计最终调整、最终模拟计算等一系列过程。通过热环境模拟，将热环境较高的区域由阅览区调整为开架书库，保障室内舒适的风环境。把图书馆中庭设计成斜面圆顶，北向开窗可以避免直射光，有利于形成拔风效果，对流通风。并配合综合环境的控制系统使能量消耗降到最低。有极其重要的意义。更为图书馆中央引入日照，起到节能作用，同时还为读者打造出宽阔的室内空间。经过改变调整中庭顶部的开窗位置，在保证相同的通风效果的前提下，可减少20%的开启窗，降低了造价。通过光环境模拟，对室内家具布置做了合理安排，尽量直接利用自然光，将适当的阳光引进室内，可有效降低建筑照明消耗。通过计算机软件模拟与建筑设计密切配合，形成了一个风、光、热环境经过科学计算、节能措施综合运用、使用功能科学合理的现代化节能建筑。

湖北省图书馆新馆实验模拟具有积极的意义，不仅节约了造价，利于运行的管理、维护，还能为建筑设计提供很多定量的数字分析，在设计之初以绿色先导的方式，能更好地体现设计产生价值的理念，而发现问题、解决问题的方法也体现一种现代设计的方法论。

武汉光谷国际网球中心在规划中通过对地形的处理，满足绿色设计的要求。基地与周围道路间的最大高差达到4m，设计没有采用平推重来的方式，而是利用地形，有机地设计成起伏的体育公园，既节省了20%的土方量，也给建筑创作提供了一个很好的思路。规划设计将场地按照高程划分为几个区域，根据每个区域的地形特征来确定场馆的布局。丰富的空间设计富于变化，提供多种观赛、多种景观、多种地貌体验的可能，突破了平淡呆板的平面布局，形成了三维立体的城市空间。

常规体育建筑的设计通常设置架空平台来实现对各种人员的有效分流，但也带来了呆板生硬的问题，光谷网球中心在规划设计中试图寻求一条模糊竖向空间界限的解决之道。从竖向交通组织、绿化坡地设置等各方面进行多维度设计，从而达到场馆内外浑然一体，弱化了平台与场地的区分，模糊了公园和广场的界限，缓坡、台阶与

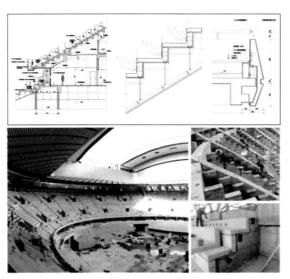

光谷国际网球中心建筑工业化建设

建筑融为一体，建筑不是呆板地从平台上生长出来，而是从大地中生长出来，营造出具有体育公园空间氛围的场所。平台上设置多处绿化景观，起伏变化，成为人驻足停留、休息放松的空间。平台下庭院也获得了阳光与景观。将建筑与公园结合起来，做到公园中有建筑，建筑融入公园中。

光谷国际网球中心在建筑设计中通过形体和自身造型获得绿色生态的效果。建筑外墙内倾形成自遮阳体系，并与球场看台的形状相吻合，玻璃幕墙外围的钢结构起到了很好的外遮阳效果。通过节能软件模拟分析，自遮阳加外遮阳在夏至日全天能减少45%的热辐射，节能效果明显。这种方式将建筑造型与节能设计融为一体。

光谷国际网球中心运用预制装配式技术也能达到很好的绿色节能效果。工程建设周期仅为18个月，大大短于国内同类体育馆。如此短的工期需要运用建筑建设工业化的理念，建筑工业化已经成为建筑业转型的方向，是实现绿色建筑的基础。网球中心大量采用了工业化预制构件，将构件尽可能地拆分并在工厂预制，如看台板、平台栏板、平台架空地板及建筑表皮双曲钢结构等，工业化预制不仅节能环保、提高精度、节约资源，还能大大缩短工期，光谷网球中心整个工程就跟汽车生产线一样，大部分构件在工厂里加工完成。光谷网球中心为了在短时间内完成建造，采用了预制生产装配的建造理念，不少结构和部

武汉新城国际博览中心太阳能光伏板

重庆东站"生态绿谷"

件采用全国生产,统一运到武汉组装的生产方式建造。如预制看台在长沙生产,平台预制地板在武汉生产,双曲钢结构钢斜柱在苏州生产。

武汉新城博览中心通过规划布局和光伏板与建筑造型一体化的策略实现了绿色设计。竖向设计上采取因地制宜的策略。将展馆设置在7m高的整体架空平台之上,与现有江堤平齐,人流可由一期展馆平台无缝衔接到滨江的绿化公园,架空层设置集中的停车库及配套商业,不占用室外场地。展馆不设地下室的竖向处理,大大减少了初始建设投资,也实现了车库的自然通风与采光,有效降低日常运营费用,是一举多得的节能措施。

展厅布置充分考虑了人性化的需求。扇形布置的展馆人行内环流线最短,深入内环的各

类停车场,将大量人流直接送达展区中心部位,人性化的设计使得在同样的观展面积下参观流线大大缩减;与之相对,由于扇形外环的长度大大增加,使货车进出、货品装卸流转的后勤流线得到有效延展。经过测算,相较矩形展馆,扇形展馆人流流线缩短18%,货运车场面积增加22%。两种流线各行其道,互不干扰,实现了人捷货畅。

武汉新城国际博览中心屋面大量太阳能光电板,是国内规模最大的会展类建筑光伏发电项目,安装净面积6500m^2,总装机容量为8946kW·h,光伏系统年均发电量约为812万kW·h。此外,展馆还设计有三联供能源站作为清洁能源的主要供给,所发电量削峰平谷,为展馆的运营

创造清洁的动力和低能耗保障。

重庆东站是采用建筑与城市绿廊一体化的策略。将城市的绿色通廊高铁站房融为一体，绿色织补城市两侧的自然和景观。在高架候车厅与进站广厅中设有绿谷，在城市绿色通廊得以延续的同时，也为站房带来了浓浓的绿意和采光通风。

长江传媒大厦采用将建筑造型中竖向线条与建筑的遮阳相结合的策略，突出竖向线条，形成更好的遮阳效果；减少玻璃面积，在每个楼层地面设有可手动开启的通风器，解决过渡季节空气对流的问题。

广西柳州白莲洞机场有别于传统机场单调乏味的室内空间，尝试在机场中间设置室外生态庭院，为旅客提供一片空中绿洲，没有采用高架车道，节省投资，满足功能要求。

通过以上工程的实践，体会到绿色建筑的思路要从点点滴滴、时时处处渗透到每个设计中，起到润物细无声的效果。绿色建筑不应只是一种广告、一种噱头，它应成为建筑师日常设计的一种需求。只有将绿色建筑的理念与建筑美学、人文、环境相结合，防止绿色技术与建筑设计相割裂的绿色策略才是建筑师的正确选择。

八、结语

人类社会的发展日新月异，哲学思想起到支配统领作用，创新成为时代的主旋律。对事物的认知和发展的理念随之发生本质的变化。建筑作为人类"衣食住行"四大需求之一，对社会发展有极大的影响。时代感的表达，空间的塑造，活力注入等都是社会发展对建筑提出的要求。任何建筑都要回应时代和发展的需求，建筑中最常见的和最重要的元素是阳光和空气，景观往往是最廉价也是最容易得到的。但这一点却因为技术的所谓进步而被忽略和漠视了，人与自然的融合和和谐也许是现代建筑最应解决的问题。

建筑设计是一项复杂的综合性脑力劳动。建筑设计随着时代的发展，从国际回归本土，从封闭走向通透，从呆板走向灵动，从笨重走向轻巧，从复杂走向纯粹，从僵化走向灵活，从炫技走向科学，从因循守旧走向传承创新，从虚假的装饰走向真实的逻辑。

所有的流派和主义可能都是过眼云烟，不能长久。相反建筑设计要探讨的本原永远不会过

长江传媒大厦竖向遮阳线条

时。建筑到底应该如何设计，建筑与文化、地域、环境的关系是怎样的？只有如实地呈现出建筑与地域文化、生活方式、自然环境等因素的关系才是设计的本原。建筑应当回到设计的本原，用建筑设计的方法展示文化、空间、结构、绿色等。建筑设计基本的原则"实用，经济，绿色，美观"将成为永恒的主题。

灵动　恢宏　浪漫

——当代荆楚建筑实践

Rhythm, Grandness, Romance

—Practice Contemporary Jingchu Architecture

一、东西方文化的差异

从"一人一药"到"一病一药"可以看出东西方文化的差异。中国文化是建立在深受儒教和道教影响的传统之上，思维方式上讲究辨证、归纳和整体思维。西方文明是建立在古希腊文化之上，思维方式上以逻辑和推演思维为其特征。

二、重拾中国传统文化自信

东西方文化各有特色，难分伯仲，哪种文明都不可轻视。上两个世纪，可以说东方更多是借鉴了西方文化。随着新世纪的开端，西方学者对东方文化的研究悄然兴起，并体现出浓厚的兴趣，出现了东方文化热。反观国内，随着国外的文化、国外的技术、国外的建筑的引进，反而使我们逐渐丧失了文化的自信。曾几何时，我们从"中央之国""万邦来仪"的文化自信大国，慢慢沦落到与传统文化渐行渐远，离西方的文化越来越近，逐渐丧失了文化的话语权。这几年来，提高"中国文化的自觉和自信，走文化强国的道路"已形成共识，也认识到一个国家、一个民族，除了经济与军事的强大外，还一定要有强大的思想、精神和文化。这是一个国家真正实力的根基所在。

三、弘扬中国的建筑文化

建筑文化是中国文化的重要组成部分，自古以来，灿烂辉煌，成为世界三大建筑体系之一。经过几千年的积淀与发展，具有深厚的文化底蕴。中国传统哲学思想和建筑文化中有很多精深的思想内涵，如"因地制宜""负阴抱阳""以人为本""天人合一""讲究秩序"等，至今看来仍具有很高的价值与现实意义，与当今可持续发展理念一脉相承。追求写意、追求动感，"如鸟斯革，如翚斯飞"也是中国传统的大屋顶建筑的生动写照。

四、当代传统建筑风格的探索

近年来，国内外许多建筑师掀起了探索当代中国建筑的热潮。全国各地不断有成功的作品出现。如范曾美术馆、国家开发银行、玉树文化中心、绩溪博物馆、广州气象预警中心、中国美院民艺博物馆等项目，都以不同程度、不同方式进行着当代多元化建筑风格的尝试，探索和创新当代的中国建筑形式。

五、荆楚文化的特点

荆楚文化是堪与古希腊比肩的优秀传统文化。中国哲学的鼻祖老子就是楚人，楚文化是在老庄哲学的基础上发展演变而成，楚国800多年的历史积淀，"一鸣惊人，一飞冲天"，造就了流光溢彩的地域文化，在中国文化史上留下了浓墨重彩的一笔。荆楚文化具有崇尚自然、浪漫奔放、兼容并蓄、超时拓新的文化特征；荆楚建筑追求庄重与浪漫、恢宏与灵动、绚丽与沉静、自然与精美的人文精神，以及楚国建筑"高台基、巧构造、深出檐、精装饰、美山墙、红与黑"的风格特征，都给建筑师的创作提供了丰富的营养。

六、荆楚建筑的传承与创新

当传统荆楚建筑的物态部分可以延续，但不是重点。传承的关键是荆楚建筑中优秀的思想部分，荆楚建筑中"线性之美""空灵之美""超拔之美""和谐之美""因借之美""朦胧之美""绝艳之美""恢宏之美""运动之美"等美学特征。荆楚建筑中"高台巍峨""天人合一""尚红尚黑""个性飞扬"等特点，以及追求造型的灵动、飘逸，空间的丰富、多变。体现写意的审美情趣等都是当代荆楚建筑中要重点传承与创新的部分。

在30年的建筑实践中，一直探索传承与创新，对当代荆楚建筑风格也在不断地尝试与探索。下面选取了几个公共建筑工程案例，尝试对当代荆楚建筑创作做了一定的探讨和尝试，不论在建筑空间和构筑形式，还是反映地域文化方面，都有一些思索。

1. 湖北剧院

湖北剧院处于独特的地理与历史文化环境中，是一个实践当代荆楚风格建筑的理想场所。周围风景优美，古今中外，人文荟萃，拥有苍郁叠翠的蛇山，百年历史的省图书馆，稳重大气的黄鹤楼，端庄秀美的白云阁等景观与建筑，使此处充满了诗情画意。建筑构思取黄鹤·鼓琴·歇山之意，以现代建筑语言表达传统文化内涵。黄鹤展翅的意象最能表达建筑位于蛇山黄鹤楼脚下的地域特征；鼓和琴是中国传统中主要的乐器，通过鼓形平面和屋顶的肋条来隐喻鼓和琴弦，体现剧院的功能特征；结合舞台高度需求，剧场的正面形成歇山屋顶的轮廓线，从而传承了中国传统建筑的文化脉络。湖北剧院的建筑造型蕴含了地域、文化、音乐、动感等元素。体现了空灵、通透、浪漫、写意的荆楚建筑特色。湖北剧院以体现荆楚文化和时代美感的建筑风格与蛇山古建筑群相映生辉，和而不同，共同构成一个文化底蕴深厚的旅游区。

2. 琴台文化艺术中心

依水而兴，人水和谐是荆楚文化特质的重要因素。琴台文化艺术中心的创作希望以绿为体，以山为衬，以湖为心，以江为脉。体现"仁者乐山，智者乐水"。建筑充分尊重特定的场所和环境，注重亲水性和文化性。营造观江、观湖的最佳视点。建筑的体量注重与山、水的尺度关系，建筑的造型、色彩与自然环境和谐，创造有机交融的富有诗意的滨水环境。

琴台位于两江交汇处，三镇结合点，拥山川美景，守两江繁华，集人文历史之厚重，自然秀美于一身。得此地理之利，文化艺术中心方案以知音文化为线索，融山水自然之灵气，从传统的写意手法入手，运用形体象征艺术，将艺术中心的主题词提炼为"凤凰·琴"。建筑造型体现了"清风明月本无价，高山流水自有情"的意境，具有一种诗情画意，以及多义性和多种理解和阐释的可能性，追求一种"味外之旨"，一种"弦外之音"，启发人们无尽的遐思妙想。设计从多方面探索现代荆楚建筑。楚风新韵：楚人崇凤，方案屋顶宛如两只腾空欲飞的凤凰，体现了建筑的地域特点。弦乐知音：琴台自古有高山流水遇知音的传说，艺术中心两座建筑的外围结构钢柱如琴弦一样富于变化和韵律，产生琴瑟相知的联想，体现了建筑的文化环境。行云流水：琴台地区最具湖滨特色，武汉亦被称为行云流水之城，建筑以

曲面为主，具有动感，如行云，似流水，体现了建筑所处的地理环境。彩带飘舞：艺术中心作为第八届艺术节的主会场，应体现"有朋自远方来，不亦乐乎"的意境，建筑将运动的力度与音乐之美高度结合在一起，巧妙地幻化成为舞动的彩带，欢迎来自五洲四海的嘉宾，体现了建筑的功能属性。方案从挖掘楚文化精髓入手，以现代的手法，体现了多种楚国传统元素。楚人崇日，有尚赤之风，在观众厅的内外墙上大量运用楚国红加以回应。沿湖的缓坡衬托了主体建筑，消减了建筑物的体量，也与楚建筑"层台垒榭"的手法相吻合。

总之，琴台文化艺术中心建筑造型追求言外之意、韵外之致，把握了中国古代艺术的内在精蕴；静中求变，多义共生，激发想象。体现对流动、飘逸、灵动、意境的追求，反映当代审美的外在表现：简洁大气，轻盈通透，灵动飘逸。建筑与山水融为一体，苍茫楚天，极目纵横，如诗如画。

3. 辛亥革命博物馆

在历史的长河中，楚国多年的文化积淀，造就了筚路蓝缕、自强不息的进取精神，追新求异、一不断变化的创新精神，崇尚武力、爱国爱家的忠诚精神，也是辛亥革命为何爆发于武汉的最好诠释，武昌打响第一枪成为偶然中的必然。

辛亥革命博物馆（新馆）是一个历史主题鲜明、反映辛亥革命全过程的历史纪念馆。这种历史事件型博物馆与一般城市博物馆不同之处在于，建筑主题的表达首先是"主题鲜明、立意高远""激发人们对纪念主题的情绪感知，引发观众情感上的共鸣"。建筑设计以"勇立潮头、敢为人先、求新求变"为核心的首义精神为构思重点，"大象无形，大音希声"，强调与周边整体环境的和谐和自身氛围的营造。

从城市及景观视线着手，保留基地与蛇山重要景点的景观视廊联系，形成了与黄鹤楼和蛇山炮台正三角形构图的景观视廊。正三角形被赋予向上、进取的形体特征，与辛亥革命的精神相呼应。形体面对红楼的北面局部内收，与U字形的红楼形体在空间上形成围合、在形式上产生对话，体现百年前后历史的跨越与对位。

楚国建筑富丽奇伟、奔放无羁的宏伟气势，

涵天盖地、恢诡谲怪的浪漫色彩为辛亥革命博物馆提供了创作灵感与源泉。建筑造型融现代手法与首义精神为一体。采用具有雕塑感的造型，塑造出刚毅、挺拔的建筑形态。远观近赏，横看侧览，都会产生不同的视觉效果和新的感悟，可谓"横看成岭侧成峰"。建筑外墙采用自然雕琢、风化的纹理，形成粗糙的肌理，创造出建筑"破土而出、浑然天成"的艺术效果。建筑由缓坡台基与其上三角形形体组成，两者之间不是直接相连，而是通过玻璃衔接，产生视觉上的冲击感，象征着冲破封建束缚，敢为人先的首义精神。缓坡台基延续了荆楚建筑历来具有筑台的风尚，反映了筑高台、登浮云、揽观四极的恢宏观念，也减少了建筑物的高度感，使建筑体量和高度与红楼、蛇山及周边建筑相协调，营造出肃穆、凝重的纪念风格。

建筑外墙采用红色，基座采用黑色，不仅反映了辛亥革命博物馆所表达的追求"民主共和"推翻"封建帝制"的主题，也体现了楚国建筑尚红尚黑的色彩取向。建筑材料选用了GRC挂板、玻璃及石材三种。红色与红楼的色彩协调统一。视觉上有楚国红的基调，烘托了辛亥革命的历史色彩。在黑色缓坡台基的衬托下，红色更显突出。红、黑两色相互映衬，使楚文化浪漫奔放的艺术特征得到完美表达，又展现了建筑抽象大气的现代风格。"红"与"黑"强烈的色彩对比，反映了荆楚建筑崇繁富，重艳丽，华光异彩的装饰观念。

空间是建筑的灵魂，也是建筑创作的主题。设计中运用空间叙事的手法，试图通过建筑语言向公众讲述辛亥革命这一特定历史事件的发生、发展、高潮和结束。建筑入口的设计几易其稿，最后确定观众从北广场逐级而下通过下沉的广场进入博物馆。参观流线借鉴了传统园林建筑中回游流线的手法，希望观众参观博物馆的经历，成为一种心灵体验的过程。通过特定的流线和空间组合，使观众在观览展厅的动线里，从空间的明暗变换中，"见之于行、感受于心"，体会到情绪的变化，使走建筑、读建筑成为可能。

老子整体观的演化与发展遵循有序性、动态性、相关性和综合性。结构体系与建筑外形吻合是这一理念的最好体现。博物馆北面建筑八字外墙呈多边形不规则形态，由多个形状不同、大小各异的三角形折面组合而成。设计中追求建筑的造型与结构的体系达到高度统一，采用折板空间钢架的形式，将钢架的三角形斜柱既作为外墙支撑骨架，又作为承担楼层竖向荷载的支持结构。整合集成的设计实现了多变无柱的公共空间，达到了建筑外形与结构形式的整体统一。

辛亥革命博物馆体现荆楚文化的深刻内涵，弘扬"敢为人先，勇立潮头"的首义精神。用简洁有力的语言表达出富于想象、充满生命激情的建筑造型和变化丰富展陈空间，是对楚文化玄妙奇瑰的浪漫情怀的文化感应，也是对当代荆楚文化建筑创作的探讨与思索。

4. 湖北省图书馆

湖北省图书馆地处碧波荡漾的沙湖之滨，西面为风景秀美的沙湖公园，这里绿树成荫，鸟鸣啁啾，地段优越，交通方便，环境优美。一块矩形的用地，看似可以任意创作，但规划对沿湖建筑的高度和长度严格限制，制约了创作的发挥。"塞翁失马焉知非福"，限制也是动力，制约逼出个性。

构思从沙湖水联想到行云流水的流畅，再引申到白云黄鹤的飘逸，并结合百年老馆"楚天智海"的人文气息，三者相得益彰，共同构成了"楚天鹤舞，智海翔云"的主题立意。有别于西方的色块表达，东方绘画讲究线条之美。线条无论是在勾勒轮廓，表现形体，还是塑造空间方面，都能传神达意，体现抽象的意境。偶然看到了的一组南宋画家马远的《水图》，将流动的水面抽象成了一组组灵动的线条，顿时灵感突现，决定尝试水平线条作为造型的生成方式。建模时采用水平横向曲线密排，取得了出乎意料的视觉效果，有如鹤翼展开的气势、与整体构思契合。由水平曲线组成的形体比任何直线条组成的形态更能表现出建筑与湖面环境的和谐亲密关系。层层水平线条流畅自然，如行云，似流水，具有时代气息。从追求形似向追求神似演变，追求似与不似之间的意境。设计从一而始，推衍变化，将地域文化、荆楚特征、馆史文脉、馆藏特征……这些都统一在完整的曲面造型之中。

建筑按规划限定的条件由南向北，向湖面依次呈阶梯状降低，形成层叠的绿化观湖平台，面对浩瀚水面，景色宜人，塑造了一处阅读与观景的理想场所。建筑外形采用曲面，舒展飘逸，曲线正中中部向里平滑内凹，形成主入口。上部又自然凸出，对比强烈，增加了知识殿堂庄重、静谧、神圣的感染力。

湖北省图书馆建筑采用集中式布局，合理组织各种人流、书流出入口。室外布置大面积绿化，与沿湖公园融为一体。西南角结合地下采光庭院设置下沉式室外剧场，与地下餐厅等公共服务设施相连，形成地上地下、室内室外空间的延伸与互动。平面柱网统一，竖向交通核分布均匀，室内通透灵活，兼容性强，利于弹性使用。为了避免集中式布局的弊端，横向设三个中庭，缩小进深，有利于自然采光和通风，便于动静分区，营造出不同的空间效果。中央大厅南北通透，通过垂直交通引导人流。天光透过圆形屋顶四周射入，隐喻老馆被誉为"东壁灵光"的文化典故。

在湖北省图书馆新馆设计中，尝试将中国传统的绿色智慧与现代数字模拟相结合，从定性分析完成精确定量分析，以绿色先导开展设计。在确保中庭顶部相同的通风量的基础上减少开窗数量，减少开窗数量20%，既保证通风效果又降低了造价。通过光环境模拟，设计针对室内家具布置做了合理安排，尽量直接利用太阳能，将适当的昼光引进室内照明，可有效降低建筑照明能耗。通过软件模拟与建筑设计密切配合，建成了一个风、光、热环境经过科学计算、节能措施综合运用、使用功能科学合理的现代化绿色建筑。

湖北省图书馆建筑产生于特定的环境，环境烘托建筑，情景交融的空间氛围使人自然产生各种比喻和联想，从而饱含着地域文化的意蕴。建筑以雄伟宏大的气势和优美和谐的曲线，涌动着生命的力量和激情。建筑体现线性之美、灵动之美，弘扬了楚国艺术富于想象、充满生命激情的特征，是一座绿色的当代荆楚建筑。

5. 湖北省艺术馆

建筑的功能往往通过围合和限定的空间来实现，空间不仅具有实用性，还有审美价值。建筑形式是结构秩序、空间秩序和时间秩序不可分割、彼此和谐的整体。建筑形态美呈现静态美、动态美和变幻美三种形态。荆楚传统建筑提倡自然和谐的深层次的美，也是审美中所体现的天地境界之美。

湖北省艺术馆建筑源于特定场所的环境与地域的传统文化，源于建筑功能特质的巧妙组合与表达。项目位于武昌东湖路三官殿十字路口，毗邻东湖风景区，建筑由展厅、声像艺术厅、音乐厅，以及专业工作室和培训室，研究室等用房组成。

理性和浪漫是艺术表现的两个方面，也是设计追求的目标。通过分析用地周边环境，建筑采用简约明晰的几何形体，圆与方、曲与直、虚与实，结合相应的功能空间，穿插形成了具有丰富文化内涵和鲜明个性的内部空间。

不同的体形所围合的空间会产生不同的属性。圆与曲代表浪漫、轻柔、飘逸、舒畅，适用于公共大厅与音乐厅的需求。方与直代表理性、雄浑、严谨、稳重，适用于不同展馆和研究室的功能性需求。面对广场的公共大厅外围设一圈圆弧形柱列，犹如节奏轻快的乐章，具有韵律之美。曲面的玻璃幕墙，如清澈柔美的东湖水，又如纯净空灵，流畅潇洒的艺术情思。入口处凹进形成灰空间，与室外广场相互融合渗透，作为进入室内的空间过渡。屋面透空的柱廊灵巧通透，含有荆楚传统建筑天井式的庭院意蕴。所有展厅均等距排列，南北朝向。在公共大厅与各展厅之间以生态光廊作为连接体，朝西墙面以实为主，避免西晒，隔离了城市干道噪声，光廊在解决了室内采光的同时，也成为动与静的缓冲区。生态光廊内布置树木、花草，绿意盎然，充满生机。光廊向南延伸，与对面的湖北省博物馆建立了意犹未尽的自然关联。新建艺术馆与现有省博物馆建筑保持了良好的空间对话关系。

湖北省艺术馆通过简洁几何体块的穿插组合，符合现代建筑的审美特征。而形体围合所形成的内部空间传承了传统建筑有无相生的空间观念，体现了"凿户牖以为室，当其无，有室之用"的哲理。

6. 神农架机场

神农架机场地处湖北西部的神农架，是当今世界中纬度地区唯一的一块保存完好的原始林区，因神农氏曾在此搭架采药的传说而得名。其独特的地理环境和小气候，使之成为中国南北植物种类的过渡区域和众多野生动物繁衍生息的交叉地带，享有"天然动物植物园""自然植物馆""绿色明珠""物种基因库""华中屋脊""野人避难所"等美誉。神农架林区有着"神农搭架尝百草"的美丽传说；神农氏在此"架木为梯、以助攀援""架木为屋、以避风雨"，最后"架木为坛、跨鹤升天"。

神农架机场定位为小型旅游机场，设计着力打造生态、轻松、能够反映地域特征的航站楼。

构思立意为"架木为屋",设计采取"化整为零"的手法,通过三角折板的屋面组合来模拟群山的连绵起伏,破除了整体大屋面可能带来的单调,天际线丰富,同时也充满"野趣"。屋面材料采用仿木纹铝镁锰合金板,进一步诠释"架木为屋"的设计概念,营造轻松愉快的建筑形象,符合旅游机场的定位。神农架机场小巧灵活,简洁大方,将传统木构体系以符合现代建造技术的钢结构形式加以展现,把现代科学与传统审美结合起来。建筑形象稳重又不失自然,对周边自然景观也是一种协调和保护,有机地融入青山绿水之间。

室内设计延续了建筑外形的理念和风格,达到室内外浑然一体的效果,形成独具特色的高山生态旅游机场。航站楼中心地带结合自然采光,设置别具一格的生态园林式候机区,为旅客提供了休闲舒适的候机空间。在室内设计细节上,航站楼内部精心选择了充满生态气息的当地石材与木材作为装饰面材,树林般的柱子点缀其中,浓厚的神农架旅游气息洋溢其中,提供舒适宜人充满生机的室内环境。

神农架机场以师法自然为理念,以架木为屋为其建构方式。整体造型体现与周边景观山体的回应与对话。浓缩了地区特殊人文特色的造型成为林区一道亮丽的风景。

7. 武汉光谷国际网球中心

老子提倡"自然无为""师法自然"。庄子曾说"天地与我并生,而万物与我为一"。荆楚文化与老庄哲学有着千丝万缕的联系,同样讲究顺应自然,人是大自然的一部分,建筑也是大自然的一部分。老庄的哲学观与当代的城市生态学和环境建筑学的思想不谋而合。在武汉光谷国际网球中心的设计中希望将这一理念付诸实施。

网球中心高低起伏的场地条件为建筑与环境的融合提供了条件。传统体育建筑的设计中,通常采取基于场馆平台的双层空间布局模式。然而从网球比赛具有全民参与度的特点出发,武汉光谷国际网球中心在规划设计中一直试图寻求一条模糊竖向空间界限的解决之道。从竖向交通组织、绿化坡地设置等进行多维度设计,从而达到景观与场馆浑然一体的效果,弱化了平台与地面的区分,模糊了公园和广场的界限,营造出具有体育公园氛围的空间场所。

对地形的整合和绿化坡地的塑造,既节省土方,又丰富了景观层次。从传统的造园手法出发,巧于因借,突破了平淡呆板的平面布局,同时巧妙利用高差,形成了三维立体的城市空间。缓坡、台阶与建筑融为一体,建筑不是呆板地矗立于平台之上,宛如从环境中生长出来。平台上设置多处绿化景观,平台下庭院也获得了阳光与景观,空间起伏变化,成为使人驻足停留、休息放松的场所。景观与建筑设计理念相吻合,将建筑与公园融合起来,做到公园中有建筑,建筑融入公园中。丰富的景观与空间设计富于变化,提供多种观赛、景观与地貌体验的可能。

动感、升腾、速度等都是运动文化的元素,也成为体育建筑造型手段的思路。体育建筑的形态特质从静态封闭走向动态开放,从呆板走向灵动。网球中心采用玻璃与钢骨作为外围护结构,摒弃传统体育建筑崇尚厚重的结构美学,创造出空灵、动感的建筑形象,极具独特的东方审美情趣。

建筑单体外表皮以旋转提升的斜向杆件构筑出整个建筑向上飞扬的整体动势,通过64根旋转提升的竖向杆件,既形成"旋风"的造型意象,又充当外幕墙结构的主框架,打造富有张力的空间效果,条式灯带隐藏于倾斜旋转的立柱之上。外墙倾斜旋转的立柱既是建筑的装饰构件,又是结构的承重体系,将建筑造型与形式美、装饰美、结构美融为一体。

传统荆楚建筑空间的营造中非常注重秩序感和层次感。设计尝试将空间层次感的营造运用于网球中心的内部空间塑造中。

首先观众从室外平台进入网球馆的大厅,观众可以体验到建筑室内大厅与室外景观交融的氛围。大厅靠近内场的部位采用悬索穿孔铝板装饰,穿孔板上通过孔径大小的变化形成了若隐若现的抽象水墨纹理,缓解了呆板界面的无趣,体现了文化的内涵。观众再往内进入比赛大厅前的休息廊时,穿孔铝板又形成了一道纱网的界面,在透与不透之间,可以平复观众的心情,使观众逐渐进入凝神贯注观看比赛的状态,体现了东方传统美学的朦胧感。随着时间的推移,穿孔铝板形成光影斑斓的效果,营造出美轮美奂、如梦似幻的建筑意境。最后当观众到达比赛大厅,呈现于眼前的是一个完整的碗形比赛空间,可以让观众全身心地投入到观看精彩比赛的氛围之中。三个空间层次的过渡转换,给观众带来了独特的观赛体验。

武汉光谷国际网球中心体现运动之美、朦胧之美。洋溢着荆楚建筑基因中一种异常强烈的生命活力，一种激越遒劲的运动精神。追求化静为动、动态平衡、活跃向上的气质。

七、结语

当今的国际竞争归根到底是文化的竞争。把文化看作一种国际竞争力是中国放眼21世纪全球竞争而做出的一个战略判断。文化建设不仅是历史的传承，更是在竞争压力下，主动地选择和开放地创造。中国的城市已经慢慢意识到了"文化定输赢"的道理。

每个城市和地域都有自己独特的自然和人文资源，在建筑设计中如能把这些资源利用起来，特色就在其中了。如果说一个城市是一本书的话，那么街道就是"句"，一栋栋建筑就是"字"，作为城市的一个细胞，建筑设计应以体现文化内涵来提高其竞争力。

建筑师是用建筑语言追求意象的诗人。为建筑创作寻求土生土长的文化"基因"，挖掘荆楚文化的思想理念和文化精髓，把握荆楚建筑灵动浪漫的审美情趣。以抽象的时代语汇，着力创造简约而含蓄，幽雅而深邃，文化气息浓郁的建筑造型和空间意境，使当代荆楚建筑具有鲜活的时代性和生命力。塑造当代荆楚建筑的地域文化个性，是当代湖北建筑师的职责与使命。

访谈
INTERVIEWS

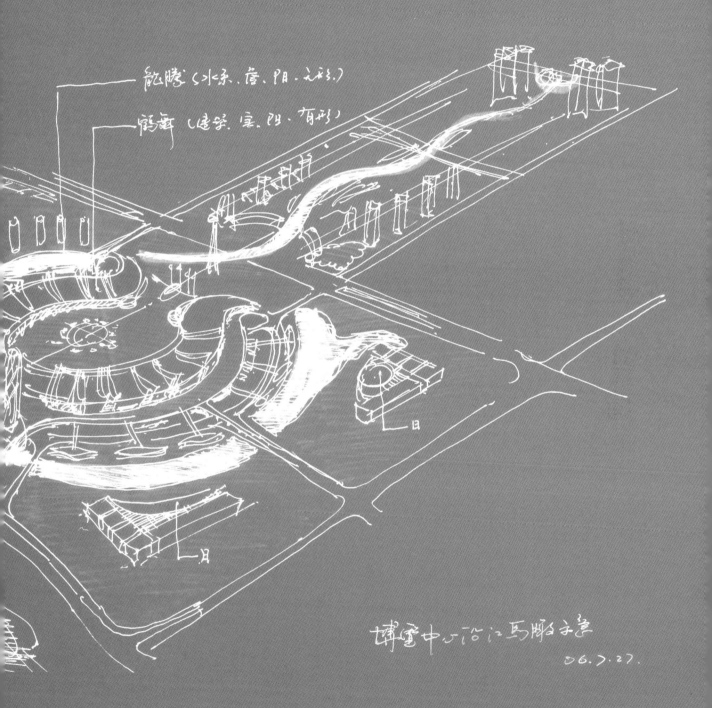

船勝（水系.屋.阳.之影.）

鹤舞（建筑.屋.阳.有形）

博览中心沿江马脚子意
06.3.27.

用现代建筑语言表达传统文化

——湖北建筑师陆晓明

Expressing Traditional Culture with Modern Architectural Language
—Hubei Architect Lu Xiaoming

长江日报记者/徐蔚

瘦高个子，衣着朴素，46岁的陆晓明脸上的表情既腼腆又严肃，他的办公室没有任何装饰，一摞摞的资料堆满了两张办公桌和茶几，都是图纸和建筑类的书籍，房间如他人一样，简单质朴。他说，建筑是反映城市面貌的一面镜子，设计师要将这座城市的文化赋予到建筑中去。

一、设计用脑也要用脚

1990年陆晓明从华中科技大学毕业分配到武汉市建筑设计院（中信建筑设计研究总院前身），二十多年来他设计的工程数十项，遍及全国及武汉三镇，辛亥革命博物馆、武汉光谷国际网球中心、湖北省图书馆新馆等耳熟能详的大型建筑，都是出自他之手。

建筑师常让人联想到类似艺术家的不羁，联想到天才式的灵光一闪，陆晓明的工作方式让人改变了这种看法。他那些赢得对方认可的设计方案，与其说是想出来的，是坐在室内的头脑风暴，不如说是用脚踩出来的，磨出来的，是烈日和风雨浇灌出来的。

"作为一名设计师，必须要勤跑现场，多考察，根据工程的实施情况不断调整方案。"陆晓明称，建筑设计面临全球竞争，只能靠高人一筹的设计理念，扎实的工作作风，才站得住脚。如今他拥有一支17个人的设计团队，每次投标的时候都会提供很多草图，方案确定下来可能需要上百次的改动，在调整的过程中也会有不同的意见，甚至会激烈地争论，但是陆晓明认为，这是一种思想碰撞，设计团队中有不同的声音，才能让方案不断完善，"我很喜欢这样的讨论方式，大家说出自己的想法，如果只是一味附和，就无法创新。"

二、做出有生命力的建筑

在一般人看来，建筑是冷冰冰的钢材或石块的综合体，但在陆晓明眼中，建筑是有生命力的，赋有深刻文化底蕴，承载着人们的记忆和期待。

1996年赴日本大阪IAO竹田设计研修一年，日本建筑师善于发掘本民族传统建筑的特征，用现代的语言加以阐释，给了他不少启发，回国后，他不断探索，寻找一条将传统理念与现代建筑相结合的道路。湖北剧院的设计是他的首次尝试，取"黄鹤·鼓琴·歇山"之意，以黄鹤展翅的造型表达湖北剧院位于蛇山黄鹤楼脚下的地域特征，通过鼓形平面和屋顶的肋条来隐喻鼓和琴弦，结合功能需要，使剧场的正面形成中国古代建筑歇山屋顶的轮廓线。

辛亥革命博物馆也是他的代表作，"虽然建筑面积不大，只有22000m²，但很具挑战性，因为它位置很重要，对面的老红楼在市民的心目中是很有代表性的建筑，新的辛亥革命博物馆如何能与100年前的老建筑相协调，是比较困难的。"陆晓明的团队通过分析，新馆由多个形状不同大小各异的三角形折面组合而成，在颜色上用楚国红与红楼相呼应，在空间上遥相呼应，将传统和现代的美融合在一起。

"建筑外墙是连续不规则凸凹的肌理，石材很难达到这种效果，所以我们也采用新型的复合材料GRC，这也是首次用在武汉的建筑设计中。"陆晓明说，"最后建成后效果很不错，市民反响很好。"

三、把武汉设计推出去

如今陆晓明团队有一半的业务是在外省，他们的脚步甚至到达了非洲，1999年武汉市建筑设计院制定了向海外发展的战略，在莫桑比克外交部大楼的设计招标中，陆晓明的"雄鹰展翅"的构思新颖，为设计院援外工程设计赢得了开门红，同年12月，他设计的加蓬参议院大厦又一次中标，对于提升中国建筑师在国际舞台上的地位，有着重要意义。

"闯国外，前期最大的工作是磨合。"陆晓明回忆说，当年用了各种方式将对方留住，双方谈建筑造型，谈平面细部……每次谈判，都很艰苦，有时甚至废寝忘食。陆晓明告诉记者，每个援外项目，都会遇到类似的谈判。而他们会想方设法让当地人爱上武汉的设计。

"当他们认同你的设计之后，就会对你非常尊敬和认可。"陆晓明说，2008年他接了新疆国际会展中心的项目，建成后当地的规划局、城投等单位对他们的设计非常赞赏，也因此跟他成了好朋友，"我孩子出生的那年，他们来武汉出差，还为小孩买了一套衣服，真的是很感动。"

打造武昌地区的体育航母

——做有生命力、可自动造血的建筑

Build a Sports Aircraft Carrier in Wuchang

—To be a Building with Vitality and Automatic Hematopoiesis

《人与城市》专访（2013年）
"光谷国际网球中心"设计负责人陆晓明
文/白马雁

2012年12月25日，WTA董事会正式核准"WTA超五巡回赛"于2014～2028年在中国武汉举办。明年起武汉网球公开赛将取代已举办了30年的东京公开赛，这也是武汉市承办的最高规格网球赛事。

"WTA超五巡回赛"是由国际女子职业网球联合会主办的较高水平的网球赛事，奖金总额为200万美元，冠军可获得900分。该赛事参赛球员阵容中将包括世界排名前十名的至少七位球员，五站比赛原设在多哈、罗马、辛辛那提、多伦多、温哥华和东京。

就像2012年奥运会人们对鸟巢和水立方的持续热情一样，全球网球迷对比赛场馆也格外关注。今年初，比赛场馆选址与设计方案已经出炉，场馆将建在武汉发展新中心——光谷，湖北省奥林匹克中心旁。场馆形状恰似一个飞速旋转的网球，建筑通体雪白，与周围的环境十分协调，定名为"光谷国际网球中心"。7月17日，场馆正式破土动工，预计2014年，建成5000座席的副馆，15000座席的主馆将于2015年建成，并投入使用。

近日，记者专访场馆设计负责人、中信建筑设计研究总院有限公司总建筑师陆晓明，他表示，网球中心将作为主赛馆使用，并充分考虑了未来赛事升级的可能性，以国际一流的知名网球中心为项目定位，建筑规模和配套场馆数量以更高等级赛事标准考虑，必将成为未来武汉的城市新名片。

"希望建成后的'光谷国际网球中心'和湖北省奥体中心体育设施共享，成为武昌地区一个有生命力的建筑，比赛之余，还可以作为市民健身休闲的去处，成为一个可持续利用的、发挥建筑使用功能的全民体育公园。"

一、比鸟巢更规则，结构更理性

《人与城市》：作为一个承办国际性赛事的场所，"光谷国际网球中心"设计上可以说跟鸟巢、水立方是相媲美的，能介绍一下场馆整体的规划吗？

陆晓明：规划将整个场地分为四部分，依次

为位于东北角的馆前大型广场，15000座决赛馆，位于场地西北的配套服务区以及场地南部的预留发展用地。其中配套服务区内规划有5000座半决赛场一座，配套楼南侧规划有四片室外场地，每片场地设300座看台以供预赛使用。15000座决赛馆采用圆形建筑形式，东侧以架空平台连接奥体中心内现有网球场馆。

《人与城市》：我们看到了这个15000座网球馆的效果图，像一个旋转的网球，当时就是这么想的吗？

陆晓明：也不是说想做成网球状，因为现在体育场馆非常多，从刚开始比较传统的体育场馆到现在的追求个性化的场馆，像鸟巢、水立方，它都颠覆了原来的那种体育建筑的概念，比较现代，更有动势，所以我们也是结合这个发展的趋势来设计的。当时觉得这个形状非常有动势，有交错感。与鸟巢相比，我们比它更规则，结构上更理性一点，结构和造型更有逻辑性。

《人与城市》：这个方案当时是如何出来的，花了多久做出来的？

陆晓明：当时投标时非常紧张，是年初投标的，大概是一个半月，过年期间赶出来的。当时我们团队做了很多草图，这个方案一做出来，我们都觉得它非常完整，又有点动势，就像旋风似的。它那个动势的造型又是起着结构的作用，跟外面结构的骨架是吻合的，所以大家觉得这个方案比较好。我们团队在这个方案上继续升华，最后就中了标。

《人与城市》：对于这种大型的建筑，市民会更多地从外观、文化含义上去考虑，您在设计之初，有从这方面来考虑吗？

陆晓明：一般领导、老百姓比较关心文化蕴意这一方面，但我觉得我们做设计师首先还是考虑功能上是否合理，结构上是否具有逻辑性等，在这个前提下，再适当地考虑它的蕴意、风格，而不是为了一个蕴意去做一个很不合理的东西。

我们之所以用一个圆形的形状，因为圆形形状的容量最大，同样的一个面积里它能装人最多，因为体育比赛的看台，四个方向都要有出口，圆形结构对人员疏散、进场都比较合适。然后它又处在四周比较空旷的区域，从城市景观上，我们希望它从四面看都是一个完整的，不会从这个面看这个形状，从那个面看那个形状，所以当时做了一个四个方向都对称的一个形状。

然后这个旋风状，是因为我们想造成一种动势，网球运动也是运动感非常强，球速非常快的，我们就把网球运动的这种文化、这种特性跟我们的建筑融为一起，最后就形成了这么一个"旋风球场"的主题来体现。颜色我们想用白色，这样显得比较现代，比较干净。

《人与城市》：现在场馆建设的进展如何？

陆晓明：5000座的场馆会在2014年建好，作为过渡性比赛场馆，2015年15000座的需要建好，正式投入使用，所以时间非常紧张。现在场馆初步设计已经完成了，马上可能要出桩基础图。现在的设计基本不影响施工。

二、打造武昌的体育航母

《人与城市》：场馆选址在光谷二妃山，离市区还是有些距离的，为什么选择这个交通不是那么便利的地方？

陆晓明：因为"光谷国际网球中心"的东边是湖北省奥体中心，在那边选址也是考虑到将来体育设施可以共享，想把那个地区打造成一个除了武汉体育中心（沌口）以外，在武昌的一个比较大的集中的体育场馆设施区，也将成为未来的一个非常大的体育中心。

在投标之前，我们去现场把总图布置了一下，看能不能排得下，排出来是个什么效果，我们弄出来后，他们觉得可以，就选定了这个。

记者：体育设施共享，具体是指什么？

陆：因为奥体中心有很多训练、健身的设施，如果再加上网球中心的比赛，将来会形成一个体育公园似的地方。通俗来讲，就是体育航母，市民观看比赛，日常健身，各种需求都可以满足。将来可能配套会更完备，在北边区域还会有一个主题公园，就会把那个地区规划得更完善一点。

《人与城市》：不足的地方可能是交通还是有点不便利？

陆晓明：对，相对来说，它还是有一点远，没有地铁过来，这是一个遗憾。如果地铁过来，可能会好很多。这是它先天一个比较大的硬伤。但这一块未来的发展趋势应该比较好，体育场馆

建成之后，周围的配套也会比较完善。

记者：您觉得"光谷国际网球中心"建成投入使用，会对光谷那一带，甚至武汉形成一个怎样的影响？

陆：我觉得它跟奥体中心对城市景观会有一个很大的改变，对配套设施的提升，也有很大的改变。而且将要承办的这些赛事是国际赛事，对提升武汉的品牌、城市影响力也会有很大的帮助。

三、做有生命力的、可自动造血的建筑

《人与城市》：您的设想是以后这一带会形成一个大型的体育公园？

陆晓明：对，这是多功能的、一体化的体育设施，比赛的时候，它能满足比赛需求，平时它能满足多功能使用需求，比如演唱会、活动、展览，还有类似的比赛都可以安排进去。

因为现在体育建筑普遍存在一个造血功能的问题，目前此项目还没建成，就成立了市场营运公司，他们经常跟我们来对接，提一些需求，可以把这些设计进去，满足将来的营运的需要、多功能的需要。

记者：在设计里面具体做了哪些考虑？

陆：比如说，我们在屋盖上留了很多能够满足它将来做演唱会或者其他别的活动需求的设施，可以吊很多东西在上面。在平面功能上，做了很多能够灵活隔断的设施，没有一次性把它固定死，比赛的时候来灵活隔断一下，可能成为比赛的公共用房，平时把隔断拆掉以后，它可以用于更多的其他功能的使用。包括体育馆内部也预留了很多将来可以多功能使用的设施，比如电留了很多回路，将来可以进行演唱会等。

《人与城市》：这个设想是很好的，但现在武汉已经有很多体育场馆，有一些也对市民开放，但进去的人却很少。

陆晓明：现在可以比赛的场馆很多，但是全民的、大众可以进去的，我觉得还不是很多，反而是外围的、露天的比较多，像什么跳跳舞、打打太极拳之类。但是我们在国外看到很多体育场馆里面是非常热闹的，像游泳馆里每天都有川流不息的人流，普通的大众很容易进去。

我们现在可能由于收费问题、消费水平问题，大众去体育馆不是很多，健身房倒是有些，我觉得体育建筑的功能没有充分发挥。投了大量资金，但是不能达到以馆养馆的效果，整体的社会效益也不能达到。不光是武汉，全国也都有这个问题。

好在现在有些体育设施运营公司已经慢慢地有意识地在做这个事情，我觉得应该会越来越好，将来对一般的市民、一般的大众，开放的程度会越来越高。

《人与城市》：那对网球中心未来的发展，您怎么看？

陆晓明：我觉得起点要比一般的场馆好一些，因为现在有一个运营团队在策划它后期的可持续发展，比建成以后再来考虑这个运营，应该要好一些。因为现在有些需求就可以提出来，我们设计时就可以考虑进去。对将来的经营来说，开放度、多元化都会更好一点。

《人与城市》：您设计了很多单体建筑，就体育场馆这一块，您有没有比较喜欢的，比较符合您理想的一个地方？

陆晓明：去国外的话只是简单看了一下，没有在那里住很长时间，不太清楚它平时的一些营运情况。总的感觉，国外的场馆更多的是私人投资，它对于体育设施的投入产出、造血更重视一些，而且平时对外开放程度也高，人性化设施也丰富一些，国内的可能就更注重建筑的形象、观感方面。但是国内的观念也在慢慢地转变。

我觉得一个好的建筑形象上要比较赏心悦目，更重要的是它结构上合理，使用上非常方便，比赛时对观众非常便捷，平时开放老百姓健身也非常方便。而不是比赛时看上去很好，平时就关门，那它就失去了生命力，不能发挥建筑本身的功能。

破土而出，艺术空间

——辛亥革命博物馆

Break Through the Ground, Art Space

—The Revolution of 1911 Museum

《凤凰卫视设计家》专访（2017年）
"辛亥革命博物馆"设计负责人陆晓明

"我觉得建筑是一种语言，他通过空间来叙说历史。"

——陆晓明

辛亥革命博物馆是辛亥革命爆发地，也是武汉市的地标建筑。建筑师用岩石与玻璃构建出了一座独特的博物馆，它的造型先锋突破传统，同时又蕴含着深层的含义，站在博物馆前让人不由得肃然起敬。

"因为辛亥革命是一个突发的历史事件，所以建筑形体用一种非常抽象的轮廓来体现破土而出的感觉，表达了传统建筑中飞檐元素的气势。辛亥革命博物馆是纪念辛亥革命100周年的具有历史意义的主题博物馆。这个项目的位置很有特点，是在武昌首义的轴线上，我们把它设计成三角形也是根据它的位置决定的，因为它斜向的角度，一边是正对黄鹤楼，一边是正对蛇山炮台，两者正好形成一个60°的夹角。所以这个建筑也是采用这么一个形状与之相呼应。"

"我们在游览流线的设计上也做了一定的思考。把入口安排在5.4m以下，观众从喧嚣的广场慢慢下到台阶下面，这样心情上就产生从喧嚣到宁静的过渡。到了入口序厅里面给他造成一种革命之前的，比较压抑、比较黑暗的那种感觉。上到二层以后，侧面有一些自然的光线进来，是想给观众一种提示，革命慢慢看见光明了。上到三层，面对南广场的时候是一种豁然开朗的感觉。通过这种处理方法，给观众一种革命成功了以后非常美好的感觉。"

"我们对外墙材料做了很多比选，最后找了一种GRC，就是增强玻璃纤维混凝土。安装完了以后，肌理是连续的。颜色采用了两种颜色，一种红色一种黑色。革命应该是红色，而且革命之前应该是黑色。红跟黑也是古代楚国传统文化当中很重要的两种颜色。两个实体没有直接连在一起，而是通过玻璃过渡的。我们就是想用玻璃这种很轻的很不稳定的材质产生视觉冲击感。"

"我们希望结构形式跟建筑吻合，用非常特殊的折板钢架，这么一种结构形式的好处就是建筑的外形就是结构的受力构件。你可以看到整个博物馆的公共空间，公共休息廊当中没有一根传统意义上垂直的柱子。我觉得辛亥革命博物馆应该给观众造成一种历史事件的博物馆的感觉。它是纪念辛亥革命发生发展到成功的全过程的博物馆。"

"飞翔"的网球场

——武汉有一座光谷国际网球中心

"Flying" Tennis Hall
—There is an Optical Valley International Tennis Center in Wuhan

《凤凰卫视设计家》专访（2017年）
"光谷国际网球中心"设计负责人陆晓明

　　"我觉得建筑设计是一种整合，它可以使我们的建筑作品更加精炼更加纯粹。"

——陆晓明

　　设计师陆晓明在将传统的垂直立柱支撑结构改为倾斜旋转的支撑结构后，整个建筑就像高速飞来的网球一般充满动感。

　　"其实做了这么多年设计，我一直在探讨一种融合的思想。我觉得东方的思维在设计当中对我影响是非常大的。我现在很喜欢把这些不同的元素通过整合来达成非常简洁整体的效果。"

　　"光谷国际网球中心是WTA武汉站的主场馆，它有15000座，是个比较大的、可开启的、综合性的网球中心。这种支撑结构形式是往一边旋转，另外在旋转的反方向有很多细杆，细杆其实是另外方向支撑结构，两者形成一种网状的支撑结构形式。建成以后确实给观众一种强烈的动感。我们给它起了个绰号叫"旋风"。旋转的结构支撑体其实不仅仅是装饰作用，它真的是起到建筑外立面的结构支撑作用。它是用那种很厚的钢板做成的双曲面的渐变形式。"

　　"玻璃幕墙都是用爪接式接驳头跟玻璃扣在一起的。而这个接驳头落脚的根就是在钢结构上，就是把幕墙结构跟钢结构结合为一体了。创造了一个很纯粹、干净的比赛环境。在回廊和大厅之间设计了穿孔的金属幕墙系统。从大厅里面是看不到环厅的，但是环厅里面的观众通过穿孔的幕墙可以看到外面的景色。这样的设计手法使观众感觉到一种安静的氛围。观众通过环厅再进入比赛厅的话，可以坐下来专心欣赏精彩的网球比赛。"

　　"开合屋顶完全打开以后的尺寸是60m×70m。开始进行施工图设计的时候我们就想把灯光系统整合在整个造型当中，所以我们预留出了外面钢结构的灯光带。白天看不出来，晚上才有灯光。在它的背面用了一个隐藏式的灯带，晚上在灯带的照射下，外面的螺旋结构形式能产生出非常立体感、非常生动的效果。网球中心对我们来说是一种新时代环境下的、采用了多种技术整合的具有现代意义的建筑。这个也是我们现在希望追求达到的效果。"

楚天翰林，公共空间

——湖北省图书馆

Chutian Hanlin, Public Space
—Hubei Provincial Library

《凤凰卫视设计家》专访（2017年）
"湖北省图书馆"设计负责人陆晓明

一条线可以描绘成一朵云
一对翅膀或是一本书
而建筑师陆晓明却化繁为简
从一条线出发
描绘出了一座10万平方米的建筑

"我觉得生态建筑应该回到建筑的本原，达到人和自然环境的和谐统一。"

——陆晓明

湖北省图书馆在沙湖以南，这个项目建筑面积10万㎡，是中西部最大的综合性图书馆。因为武汉市是白云黄鹤的故乡，所以我们采用"楚天鹤舞、智海祥云"这个主题来表达这个建筑。线条在传统的艺术创作中是非常重要的，我们就想，能不能用最简单的线条元素来设计这个建筑。我们把这条线变曲，然后组成线条阵列，阵列形成一个面，不同的曲线线条组合成不同的面，它的正面给人感觉像一本翻开的书本，又像黄鹤打开的翅膀，同时也有点像水、像白云流动的样子。我们想通过读者的想象对这个建筑进行判断和定义。

因为它在湖边，根据武汉市规划局的三边规定，邻沙湖的高度不能超过20m，邻公正路的高度不能超过40m，在我们的设计中，把限制的条件跟设计的构思整合了起来，我们把它做成了退台形式，就是逐步往湖边退，形成了四级退台。这样的退台形式就满足了它的限高要求。同时我们通过退台也腾出了很多室外的平台，这些平台加以绿化，就给读者提供了很好的室外观赏空间。我认为真正的生态建筑就是通过对功能的梳理，对造型的整合来达到节能环保的效果。

湖北省图书馆的体量很大，所以这个建筑做得很厚，我们在中部设置了三个大小不同的中庭，目的是尽可能地争取更大的自然采光，同时我们在中庭上做了电动的、可调节的遮阳系统，光线非常强的时候，可以通过角度的变换来减弱光线对中庭的辐射；在光线不好的时候可以把遮阳系统打开使更多的光进来。朝北面景观比较好，直射光比较少。我们用了大面的玻璃，因为东西阳光条件好，所以用了比较小的条状玻璃，

在白天的时候可以保护人眼，同时也可以达到很好的节能效果。建筑的南北方向做了很多电动开启扇，自然风比较好的时候就可以通过控制系统打开开启扇，在过渡季节可以给读者比较舒适的室内阅读环境。

图书馆建成以后，受到大众的青睐，不管男女老幼，使用的人都很频繁，而且经常在炎热的夏季一座难求。建筑师能够提供这样的场所给老百姓，是一件非常自豪的事情。

"凤凰起舞"

——武汉体育中心

"Phoenix Dancing"

—Wuhan Sports Center

《正气歌：武汉军运会全纪录》专访（2019年）
"武汉体育中心"设计负责人陆晓明

2019年10月18～27日，第七届世界军人运动会在武汉举办。本次军运会相比往届，开创了多个第一：比赛项目数量第一，所有项目第一次在一个城市举办，第一次新建运动员村。

武汉军运会的举办吸引了众多媒体的关注。近日，凤凰卫视中文台《皇牌大放送》节目播出纪录片《正气歌：武汉军运会全纪录》，介绍了军运会情况，并采访了多位参与军运会筹办的专业人士。中信设计总建筑师陆晓明作为武汉体育中心一场两馆改造、武汉五环体育中心的设计总负责人，参与了纪录片的录制，并介绍了两组场馆的设计理念。

武汉体育中心"一场两馆"是军运会的主会场，将承担开闭幕式、排球、游泳等比赛项目。2017年10月，主体育场封闭，开始实施改造。

体育场改造面临的第一个问题是在不动主结构的前提下增加空间面积。陆晓明介绍道，西边看台扩建的立面上做了一个像凤凰起舞、波浪起伏的图案，我们把西区看台跟看台以下的辅助用房进行了扩建，大概扩建了1万多平方米，把原来的两层变成了现在的一层，所以现在的空间就高了，作为接待的配套用房来使用，满足军运会的接待要求。

体育场综合改造需要对部分内部结构拆除、加固、翻新、向外扩展，同时在外观设计上体现武汉本地特色。改造设计的风格主要大的基调还是以现代为主，在现代基础上吸收荆楚文化的一些元素。

外立面飘带是白色穿孔铝板，白天色彩洁白，像凤舞、像水波纹，跟武汉大江大湖的水文化比较契合，材料上还采用了玻璃，体现楚文化的红色铝板，比较现代。在入口处做了一个突出的处理，设计了一个非常大的雨篷，几根柱子体现典型的荆楚文化，包括上面的红色和线条，材质用的汉白玉，形成了比较现代荆楚文化的雨篷，贵宾通过雨篷进入大厅，进入看台。

为了增加绿地面积，在体育馆周边种植了樟树、银杏、枫树等多个树种，而在体育场的入口处、在雨篷周边也做了特别的景观设计。陆晓明指出，景观设计上体现了几个方面：首先，体现中国园林的元素，模仿自然山水，做了湖石。在树种方面选用武汉地区非常有名的对节白蜡，配了四季的花，结合水池跌水，形成了比较好的景观效果。其次，在挡墙上雕刻了各种汉字的写法，包括篆书、隶书、楷书等，体现了武汉的特点。

武汉五环体育中心"一场两馆"是军运会的主赛场，也是军运会13处新建项目中规模最大的比赛场馆。

武汉五环体育中心在建筑设计上取"凌空腾飞"之意，屋顶造型如腾空欲飞的凤凰之翼，通过现代、简洁、整体的建筑语言，以流畅、视觉冲击力强的完整形象与群体效应彰显个性。

陆晓明说："我们想让'一场两馆'形成一种非常灵动飘逸的现代建筑形式，同时也反映出楚国的气质，所以把它设计成了一个整体，从屋顶上看，一气呵成连为一体，希望它成为一体式体育馆游泳馆的造型，中间有一条采光带。当时我们想能不能用梭形采光带跟结构形式结合起来，就是建筑结构一体化设计，这样就有比较强的逻辑性，用索承网格形式把它撑起来，梭形采光天窗跟结构形式相吻合。建成以后室内效果非常漂亮，中间是一道很漂亮的龙骨形式，也很轻巧。是个很具象的、激发人想象和灵感的建筑形式。"

体育场一共有3万个观众席，座椅一部分设计为黄色，一部分设计为橙色，犹如两条灵动的彩带，增加了场馆可视性。

同时为了场馆以后多用途使用，有2000多座椅可伸缩，比赛场地也加大了承载的负荷。陆晓明介绍道："现在的体育馆使用功能非常广泛，我们针对这个特点，把体育馆的地面荷载做得非常足，大概每平方米可以有3t的荷载，这就为以后多种比赛赛事提供了条件，比如可以堆很多沙，进行沙滩越野车的表演，可以在上面铺上冰，举办冰球比赛，甚至可以做成活动的泳池，进行游泳比赛等。"

军运会结束后，武汉五环体育中心将成为一个以体育比赛、全民健身、体育公园、商业运营为主，以文化娱乐、表演展示为辅的城市综合体育活动中心，改变了武汉三镇中汉口一直没有大型综合体育场馆的状况，能更好地满足汉口区域民众娱乐休闲的需要。

精彩军运，美丽武汉

Wonderful Military Movement, Beautiful Wuhan

凤凰卫视专访（2019年）
中信建筑设计研究总院总建筑师陆晓明

武汉体育中心作为军运会的主会场，将承担开、闭幕式以及田径、排球、游泳等比赛项目，2017年10月主体育场封闭改造，武汉体育中心综合改造需要对部分内部结构拆除、加固、翻新，向外扩展兴建应急疏散长廊，同时在外观设计上体现武汉本地特色。

采访 1

中信建筑设计研究总院总建筑师陆晓明：

这次的设计风格，我们想大的基调还是以现代为主，在现代基础上，还是要吸收荆楚文化里面的一些元素，这张其实就是我们主要的一幅改造效果图，这上面的部分其实都是原来就有的，包括这个看台都是原来就有的，我们主要改造的是建筑下部。

立面上的白色穿孔铝板形成一条飘带，白天就是呈现那种比较洁白的效果，它既像一只楚凤飞舞，也有水波荡漾的感觉在里面，跟武汉的大江、大湖，水文化比较契合。

武汉体育中心作为主会场主要是改造升级，位于东西湖区吴家山北边的武汉五环体育中心，是2019世界军运会主要比赛场馆之一，也是军运会13处新建项目中规模最大的比赛场馆。武汉五环体育中心在建筑设计风格取"凌空腾飞"之意，屋顶造型如腾空欲飞的凤凰之翼，通过现代、简洁、整体的建筑语言，以流畅、视觉冲击力强的完整形象与群体效应彰显个性。

采访 2

中信建筑设计研究总院总建筑师陆晓明：

体育馆、游泳馆造型不太一样，屋顶中部都有一条采光带，当时我们就想能不能使梭形采光带与结构形式结合起来，采用建筑结构一体化的设计策略，两者之间具有较强的逻辑性，使用索承网格形式将屋盖绷起来，使梭形采光天窗与结构形式相吻合。建成以后中间有一道富有韵律的结构龙骨，室内效果非常漂亮，也很轻巧。

难忘"瞬间"！难说再见！

Unforgettable "Instant"! It's Hard to Say Goodbye!

央视新闻&《江城集结号》演播室专访（2019年）
中信建筑设计研究总院总建筑师陆晓明

2019年10月26日晚8点，中信设计总建筑师陆晓明做客央视新闻&长江云《江城集结号》演播室，为广大网友解答关于军运会开幕式主会场武汉体育中心、主赛场武汉五环体育中心设计背后的谜。

1. 关于开幕式场馆武汉体育中心

陆晓明说："我们在体育场原来的基础上，结合楚文化浪漫的元素，增加了三条飘带，寓意武汉的水文化，很符合武汉的地域特色。同时，在晚上可以幻化成360°的媒体屏幕，在上面演绎很多灵动的图案，将整个主体育场的气氛烘托出来，也增加了接待功能，满足了相应的功能需求。"

2. 关于舞台的设计

开幕式的舞台，对荷载、承重、精度等要求特别高。"我们在舞台下面设计了一个完整的基础，来保证承载重量。如大家在开幕式中看到大面积的水，我们也是安置了很大的水泵，可以瞬间出水和排出，这些都保障了开幕式演出的需要。"

3. 关于主赛场武汉五环体育中心

武汉五环体育中心在建筑设计上取"凌空腾飞"之意，屋顶造型如腾空欲飞的凤凰之翼，通过现代、简洁、整体的建筑语言，以流畅、视觉冲击力强的完整形象与群体效应彰显个性。

中间有一条采光带，当时我们想能不能用梭型采光带跟结构形式结合起来，就是建筑结构一体化设计，这样就有比较强的逻辑性，用索承网格形式把它撑起来，梭型采光天窗跟结构形式相吻合，建成以后室内效果非常漂亮，中间是一道很漂亮的龙骨形式，也很轻巧。

本次武汉军运会场馆设施建造水平一流，符合国际单项赛事联合会的标准，并远超预期，是军运会最大亮点之一。武汉军运会共打破了7项世界纪录、85项国际军体纪录，这是巨大的成功，也证明了体育设施水平很高，让运动员得以充分发挥。

实践
PRACTICE

湖北剧院
Hubei Theater

设计时间：1999.03—1999.07
竣工时间：2001.02
项目区位：湖北省武汉市武昌区阅马场
建筑面积：11767m²
结构形式：钢结构、钢混框架结构
合作建筑师：李波　周安庆　林莉

Design Period: 03. 1999—07. 1999
Completion Time: 02. 2001
Project Location: Yuemachang, Wuchang District, Wuhan City, Hubei Province
Floor Area: 11767m²
Structure Type: Steel Structure, Steel-Concrete Composite Structure
Co Architect: Li Bo　Zhou Anqing　Lin Li

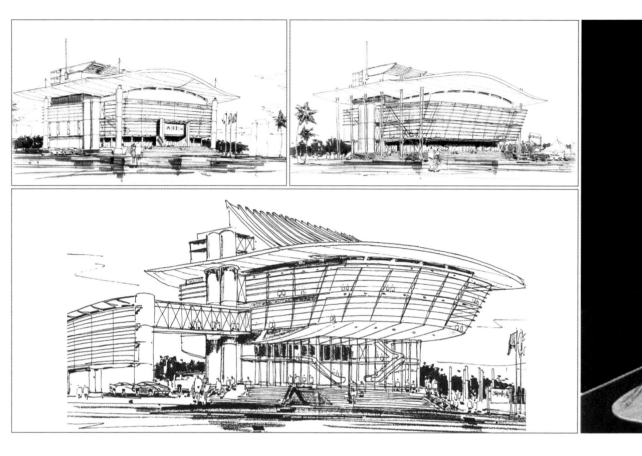

时代与传统的舞台

——湖北剧院

The Stage of Times and Tradition
—Hubei Theatre

20世纪末，随着人类物质文明的不断提高，精神文明也得到不断重视。建筑设计上直接体现为各地的文化体育建筑不断涌现，一些老的文化设施也在不断新陈代谢、自我更新。湖北省政府决定拆除年久失修的老湖北剧院，并在原址扩建新湖北剧院。1998年底，经过全国5家设计院10个方案的投标竞争，最终我们的设计中标并得到实施。现在回想起来，当时应该胜在对环境和文化的理解与把控。在当时的建筑语境下，用建筑写意、隐喻、抽象的手法来表达传统建筑特色，让建筑与环境产生对话，运用对景、融景、观景、成景等策略，体现场所感，在地域性等方面，还是有一些新的探索和尝试。

新湖北剧院功能定位为一座综合性歌舞剧院。为满足各种大型演出的需要，设计中必须考虑剧院所应具有的各种现代化设施的功能，并应体现剧院建筑特有的文化内涵。在总体规划设计时应满足城市规划要求，并充分考虑建设用地狭窄的情况。

环境——人文自然

新湖北剧院位于武汉市武昌阅马场，总用地面积1.36万㎡，拟建成集演出、办公、宾馆为一体的综合性文化中心。其中，新湖北剧院为一期工程，其基地面积6808㎡，基地面宽88m，进深68m。规模为1200座。东望辛亥革命遗址红楼，北邻黄鹤楼公园，正对武珞路，南到彭刘杨路，西至体育街，北至九头鸟房地产开发公司用地边界。位于独特的自然人文环境中，山水资源丰富，历史底蕴浓厚。周围有龟山和蛇山，紫阳湖和长江。还有电视塔、武汉长江大桥、黄鹤楼、白云阁、辛亥革命临时政府旧址红楼和彭刘杨路的繁华商业区。从时间维度上构成了"古代——近代——现代"的历史文化脉络，从空间维度上构成了"水、陆、空"三维立体网络。

构思——文化音乐

如此特殊的人文自然环境和狭窄的基地以及复杂的交通状况，确实给设计提出了难题和挑战。基于基地处于城市的丁字路口，经过分析比较，将湖北剧院正对武珞路布置，形成城市道路尽端的对景。周边蜿蜒的蛇山和林立的高楼决定了从空中俯瞰的视角显得尤为重要，因此第五立面是此次方案考虑的重点。除此之外，建筑的风格和形式也是设计的重点，20世纪末的方案设计方式还是习惯于先从以徒手草图的形式入手，方案构思过程体现在三轮不断深化的草图中。第一轮草图确定了剧院的屋顶采用挑很大的飞檐，使之具有唐代建筑大出檐的韵味；剧院外立面则采用玻璃与金属杆件，以取得现代感和通透感，同时可以有效地减少建筑物的体量感，减轻由于用地狭窄带来的对周边道

63

路和环境形成的压迫感。第二轮草图在第一轮的基础上，将建筑的底层架空，后退，形成灰空间，进一步缓解了用地不足的问题，灰空间在拉近了建筑与城市的关系的同时，也有利于形成聚集人气的积极空间，平时可以给大众提供一个遮风避雨的休闲场所，演出时可作为观众集散广场，便于人流疏散；正立面的玻璃向下倾斜，与剧院观众厅室内空间相吻合，同时也进一步缓解了建筑对城市道路的压迫感。第三轮草图，在第二轮草图的基础上，将靠武珞路的玻璃幕墙变成弧线，以便与道路关系更加贴切；将底层架空层高增加，形成空间更开敞的半室外广场；同时结合剧院舞台后部较高的特点，形成向上的倾斜弧线形屋面，使得建筑物有了一个完整的第五立面。至此，一个独特、新颖、富有创意的以"黄鹤·鼓琴·歇山"为主题的设计方案已初具雏形。

黄鹤——建筑物的侧立面宛如一只挺立的黄鹤，并与蛇山的黄鹤楼相呼应，体现了建筑的地域特征，同时也赋予建筑物灵动的感觉。

鼓琴——建筑物的主体平面似一面大鼓，斜屋顶的金属屋面肋条象征着琴弦，寓意着鼓琴合奏，体现了建筑的功能特征。

歇山——巧妙结合剧院的斜坡立面，使主立面轮廓形成中国古代建筑歇山式屋顶的剪影，使其具有浓厚的中国传统建筑韵味。

建筑造型为柱式托起具有中国古建筑大挑檐式屋顶，形象轻巧，富有动感，外墙由壁立的直面与流畅的弧面刻画出鲜明的建筑外形，两翼由水平的横线条构成，与主体建筑相辅相成。整个建筑造型能表现出强烈的时代感、地域感，同时能以现代的建筑语言表现出传统建筑的神韵。

布局——中轴对称

考虑到湖北剧院的地理位置，剧院布局及造型继承了中国传统建筑的布局手法，以正对武珞路中心线为其中轴线，主要立面面向武珞路。原址扩建的湖北剧院处于丁字路口，用地十分狭小。为了弥补用地不足的矛盾，平面设计采用紧凑的中轴对称方式，设计中极力说服剧院管理方将一楼空间开放，使得城市空间得以延续。门厅也从传统封闭的空间变为开放的灰空间，湖北剧院让公共空间可以从剧院延续至前面的广场，特意设计成让民众可以在建筑中自在交流驻足的都市空间。

建筑——融景造景

建筑设计不能仅满足于不破坏周边的景色，还应为其增光添彩，进而使建筑本身成为风景的组成部分。

建筑与风景的关系还有另一层含义，那就是从建筑自身组织视线看景。正因为建筑周边拥有不错的景色，自然也成了建筑形态的另一逻辑来源。设计将两侧休息厅和屋面环廊平台作为观景的空间。外立面玻璃的设计不仅满足了采光的需要，也是建筑内部观众观赏风景的需求。构思虽提取了传统的元素，建筑造型却特意选用了玻璃、钢和铝镁锰合金等现代的材料，希望能体现建筑的时代感，与现代审美相契合。特别是正对城市路口观众休息厅的外墙采用点式玻璃幕墙，有效地消隐了建筑体量，尽可能让建筑中的观众获得更好的视野。每当夜幕降临时，休息环厅中观众的身影，仿佛上演着一出现代城市的剧目，建筑成了城市的舞台，是一座体现时代与传统的舞台。

功能——立体叠加

由于用地非常局促，设计打破了剧院建筑传统的平面设计方法，向立体化发展，向空中要面积。如果剧院从城市设计的角度来看一定要面向城市的主路，就会暴露用地进深小、开间大的问题，与常规剧院按门厅到观众厅到舞台及后台化装的布局，要求进深大开间小正好相反。解决的办法只能另辟蹊径，考虑将传统剧院水平布置的流线立体叠加，将门厅放在观众厅之下，将入口大厅放在一层，观众厅和休息厅从二层往上布置，如此的设计使进深小的问题迎刃而解。二层的观众休息厅也布置在观众厅的两侧，进一步减小剧院的进深。屋顶也被利用布置观光平台和花园，登高望远，美不胜收。平面布局尽量清晰简洁，流线便捷。主体建筑为地下一层，地上三层。地下一层是车库和设备用房。一层为观众入口大厅，后部设有排练厅和报告厅及演职人员入口和管理用房。二层为剧场观众厅池座和表演区，表演区包括舞台主台后台，舞台前设有升降乐池。舞台可移动、升降，并配有可调控的面光和耳光。后部为化妆间。三层为观众厅楼座和休息区，后部为剧场办公用房。

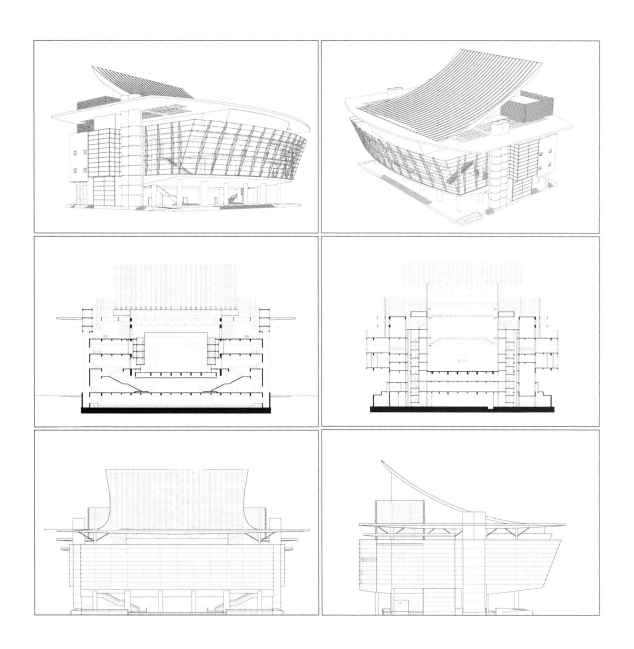

共享——空间拓展

为了解决室外广场过小的难题，将一层面向道路部分敞开，层高做到8.55m，以这种尺度的半开放空间形成室内广场，大大缓解了剧院从体量上对它前面来往行人、车辆的压迫感。面向主入口的整块墙面设置浮雕、壁画，更给建筑增添了浓郁的文化氛围，同时也创造了城市广场的文化时尚，可惜由于投资有限，最后没能实现。剧院与前部广场，共同形成了一个多姿多彩的城市公共空间。后部底层也架空用作剧院的停车空间。设计强调人与自然的共存与和谐，注重建筑物的自然采光，特别是剧院休息厅部分的侧面采用全通透的玻璃外墙，形成半室内、半室外的特色空间。白天，观众可以从室内观赏到阅马场的景色，夜晚，内部的照明使整个建筑像一个晶莹剔透的发光体，成为该地区的一大景观。

交通——人车分流

场地狭小，对人、车流线的布置更要便捷高效。一套行之有效的人、车流线方案是解决交通问题的重要手段。策略是车行尽可能少占地面积，梳理好观众人行、车行、布景道具货车等不同的功能需求，各行其道，互不干扰。演职人员入口设在剧院的西南端，道具货物的入口设在西北端，观众的主要出入口面向武珞路，人流从室外广场步入室内广场到达各自的活动空间，机动车则从剧场的西侧沿体育街进入，在基地后部结合地下停车库开辟了一个地下车道，与剧院南北两侧的道路形成环路，大量的车辆进来后穿过地下车道有序地驶出。通过采用这样的立体分流方式，有效地避免了演出高峰期间，人流、车流的交叉混乱，同时也满足了人员疏散和消防的要求。整个建筑功能空间的安排具有秩序感和层次感。在狭窄的用地上较好地处理了观众集散、出入口及停车的功能。

建构——构架悬挑

建构方式上为了达到更好的架空效果，采用大型构架，柱网采用11m×10m的大柱网，结构的最大技术难点是如何实现悬挑的观众厅和观众廊，观众厅的柱跨33m，两层悬挑达到15m，以当时的技术水准，确实给结构专业带来了不小的挑战，最后采用类似于桥梁的空间桁架的结构选型解决了这个难题。结合层高，为了使整个建筑立面分隔和谐有序，采用1.35m的模数统一。空间设计上追求视野的最大化，建立视线分析模型。大层高的架空底层，两层通高的观众休息厅，观众上下的电梯也采用观光电梯的形式，这几项策略都能使观众欣赏到更多的自然美景。设计对建筑的色彩和材料进行了精心选择，色彩以与环境不冲突的灰白系为主，有助于建筑的消隐，体现谦逊的气质。建筑用材选择能体现轻盈通透具有科技感的金属、玻璃等。

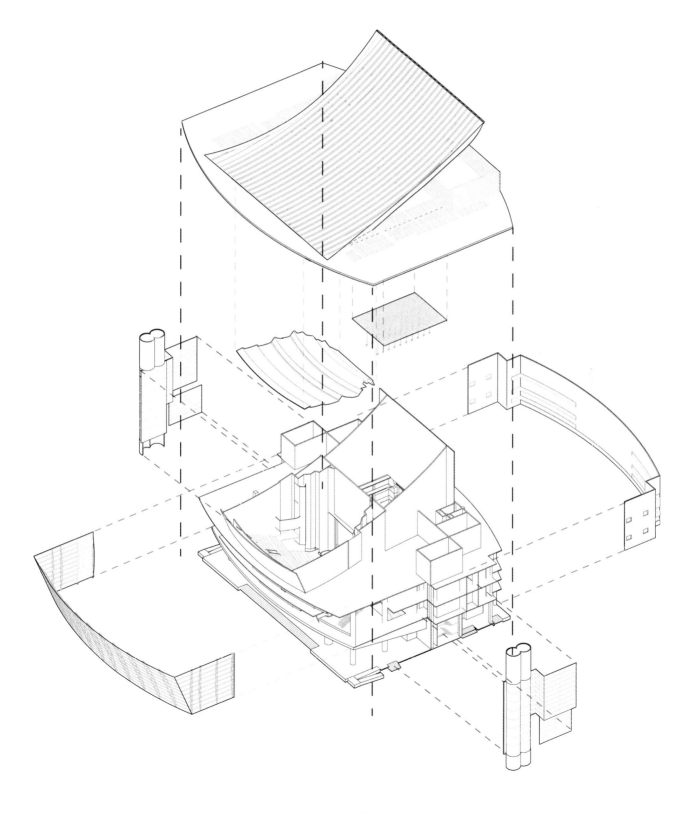

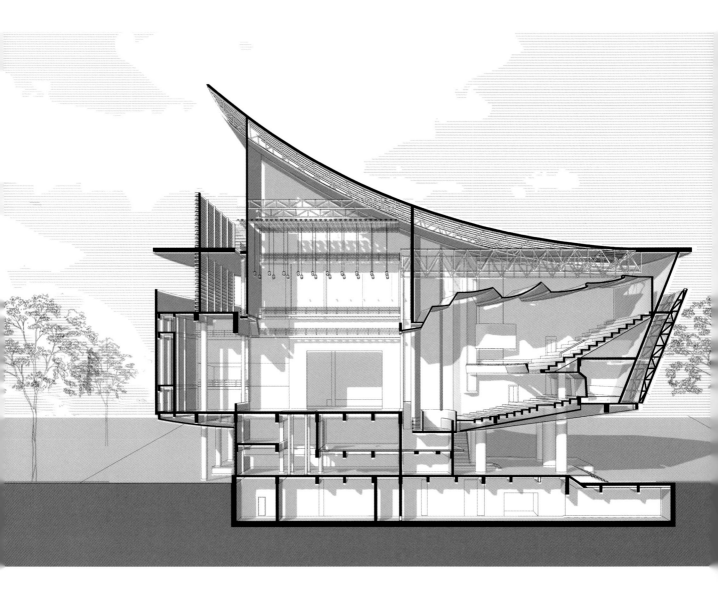

湖北劇場休息厅草图

2000. 6. 17.

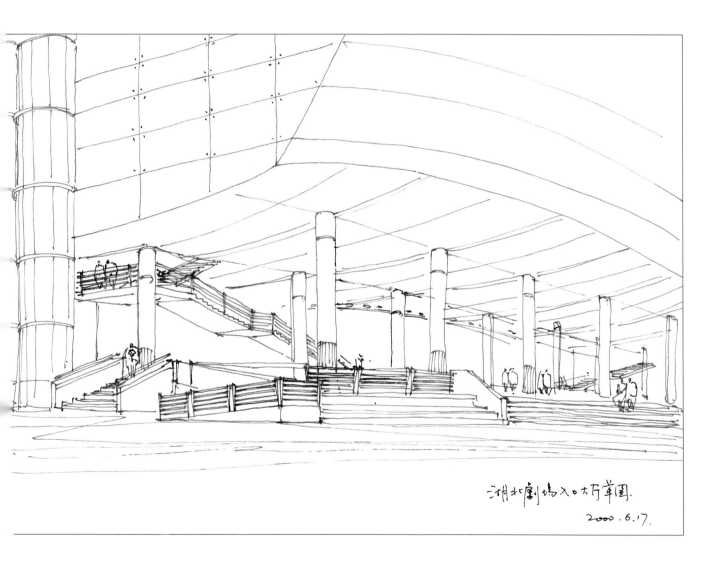

湘北剧场入口大厅草图.

2000.6.17.

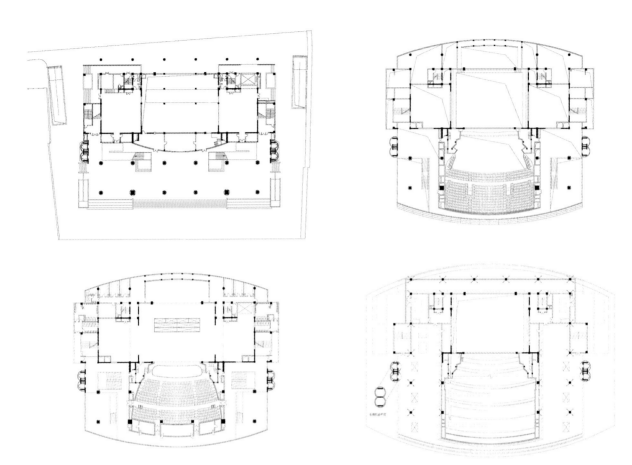

观演——视线优良

作为剧院建筑，观演效果的好坏是衡量建筑成败的关键，选取合适的观众厅形状与尺寸，获得优良的观演效果是湖北剧院设计的重中之重。观众厅采用扇形切割钟形平面、镜框式台口、升降乐池。观众厅设两道面光，两道耳光及追光设施。厅内分池座、楼座两部分观众空间。观众席1228座［池座616座（包括2个残疾座），楼座588座，包厢24座］，观众厅水平控制角46°，最远视距29.2m。观众厅的视线经过精心设计，保证观众从各个座位都有良好的观演效果，特别避免了由于楼座外挑使池座后排观众视线被遮挡的常见问题。

声学——混响可调

剧场内部声学设计定位以歌舞剧演出为主，兼顾戏剧、交响乐、电影、会议。为了满足剧场综合性、多功能的使用要求，声学设计以建声为主，电声为辅。观众厅采用可调混响设计，在观众厅中布置可变的吸声材料来满足这个功能，实现混响时间是可变的，以满足歌舞剧、音乐会、报告厅等功能需要。500Hz混响时间设计值取1.5s，以满足音乐的丰满度；电影放映时所需的短混响时间采用可变吸声结构进行调节。

观众厅空间完整，侧墙早期反向声场分布均匀，提高了声音的亲切感与清晰度，并减少了部分偏坐。近台口顶棚采用早期反射声面，远离台口的观众厅采用反射、扩散面设计，使声场分布均匀。

侧墙对观众厅的声场分布起着重要作用，两侧墙间距取21m适当值，避免过宽后易产生延迟反射，使观众厅声场不均匀。同时侧墙也加强了声扩散处理，如采用弧线形包厢，用两种吸声材料间隔布置，为充分发挥裙墙作用，其表面做坚硬而光滑的高反射处理；裙墙以上，作扩散处理。后墙为避免产生回声，做稍前倾处理，既避免了回声，又增强了后部声强。台口处反射区域应尽量扩大，并应避免产生回声，设计中均采用凸形反射面，并使前期反射声达到前区座位，声扩散效果也很好。

观众厅的顶棚采取适当的高度，尤其台口顶棚做了适度的扩散处理。顶棚反射面分为三段，

近台口顶棚的一次反射声至观众厅前中区，中段顶棚反射板主要反射至楼座中后区与楼座前区，后段顶棚反射板主要反射至楼座中后区，并在三段顶棚交接处布置两道面光。为尽量改善观众厅声环境，在满足灯光技术的条件下尽量缩小面光和耳光的开口宽度，使声音尽量不进入开口内。

由于剧院坐落于交通繁忙区，干道噪声达80dB以上。为保证良好的视听效果，对噪声的控制尤为重要。为隔绝室外噪声，在观众厅四周设有环廊与休息厅，屋顶设有架空隔声处理，可消减一定噪声。

观众厅及舞台为达到消减室外噪声的目的，观众厅采用双围护结构，侧墙为中间带空气的双层加气混凝土砌块墙，观众厅后墙、舞台后墙采用最小厚度为250mm加气混凝土。为防止墙体孔洞传声，增强墙体的阻压效果，在水泥砂浆粉面基础上增加热沥青粉刷。同时，观众厅周围设一系列辅助性、较为安静的房间，以增强隔声效果。通过上述技术手段，有效地降低了噪声。

结语

在湖北剧院的实施过程中，投资严重缺乏，整个工程投资只有7800万元，与业主协商，把有限的资金合理分配，重点保证建筑造型和观众厅视听效果。湖北剧院建成后，现代简洁的建筑风格，对人文自然环境的回应，给市民提供的城市共享空间，以及对传统建筑元素的唤醒，照顾城市山体等视角的建筑第五立面的设计等，都得到了社会各方的认可，基本上达到了预期效果。

75

武汉琴台文化艺术中心
Qintai Center of Culture and Art in Wuhan

设计时间：2003. 06—2003. 08
项目区位：湖北省武汉市汉阳区月湖
建筑面积：59921m²
合作建筑师：王伟　桂虹

Design Period: 06. 2003—08. 2003
Project Location: Moon Lake, Hanyang District, Wuhan City, Hubei Province
Floor Area: 59921m²
Co Architect: Wang Wei　Gui Hong

基于自然山水与文化的艺术中心

——武汉琴台文化艺术中心及文化广场

Art Center Based on Natural Landscape and Culture

—Wuhan Qintai Culture and Art Center and Cultural Square

琴台文化艺术中心及文化广场位于月湖之畔、汉江之滨，是月湖文化艺术主题公园的核心区域，也是2006年第八届中国艺术节的主会场。市政府有意将集文化艺术中心、古琴台、月湖和梅子山为一体的月湖文化艺术主题公园建设成为"传世佳作"，同时将琴台文化艺术中心建设成为国内一流的艺术殿堂。武汉琴台文化艺术中心及文化广场将成为塑造城市个性魅力、提升城市竞争力的重要抓手，也是汉江两岸文化与生态相结合的开发建设示范区。

月湖位于城市中心，东连龟山，北依汉水，南靠梅子山，依山傍水，风景优美。占地面积约108.7hm^2（含月湖水面39.5hm^2）。琴台文化艺术中心和文化广场分别位于月湖的北岸和南岸，形成南北向主轴线。

文化艺术中心主体建筑由1800座的综合性大剧院和1600座的大型音乐厅组成，剧院功能以能满足国内外各类大型歌剧、舞剧、音乐剧、戏曲、话剧等大型舞台类演出的要求。音乐厅以大型交响乐为主，兼顾中小型民乐演出。文化广场紧邻古琴台，与艺术中心隔湖相望，是以文化艺术中心的壮丽景观为背景举办大型活动的重要场所，也是一个可同时容纳3万人的室外观演剧场。

现状梳理——优劣明显　对症处理

　　琴台文化艺术中心用地的劣势和优势都十分突出。劣势是缺乏区域整体规划，交通混杂拥堵，绿化凌乱无序，临水不亲水。优势是处于既临江又面湖的地段，依山傍水，山清水秀，景观资源丰富。另外，除梅子山、月湖外，其余用地大致平坦，宜于建设。更为难得的是此地还拥有深厚的文化底蕴。古琴台具有浓郁的知音文化氛围，"高山流水遇知音"的千古佳话也为月湖平添了无尽的遐思和诗情画意。

　　总体而言，月湖文化艺术区是充满独特魅力的集琴台知音文化、山水景观文化为一体的地区，建成后将带动该地区的旅游热潮，加速城市经济的发展。

　　规划本着"进一步突出品牌价值，提高城市功能，优化城市结构，提升城市环境，建设创新型现代的山水园林城市"的原则。充分利用自然山水资源，形成最具滨江滨湖特色的文化娱乐、旅游休闲城市功能区，深入发掘文化内涵，建设成集琴台知音文化、山水景观文化为一体的综合文化区。

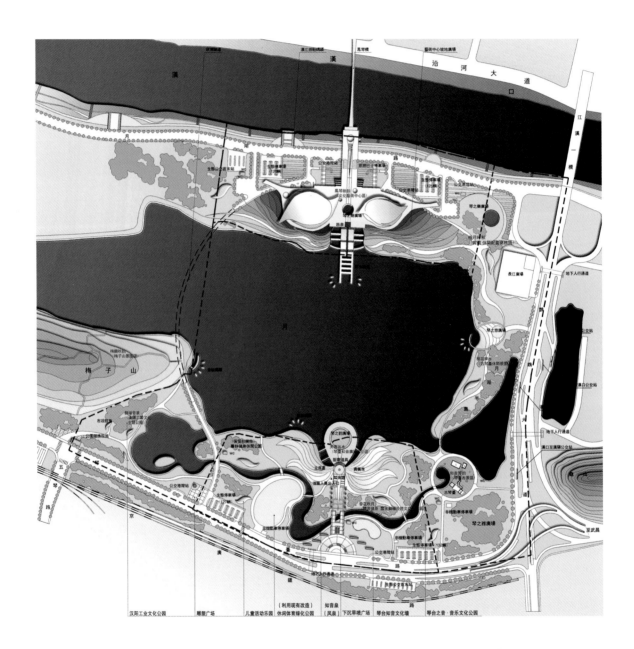

整体理念——师法自然　融于山水

"善哉乎鼓琴，巍巍乎若太山。善哉乎鼓琴，汤汤乎若流水。"千古传颂的琴台知音文化所反映的实质是人与自然的一种共生、共鸣的关系。规划中应该突出的理念就是——自然。任何的建筑物从其根本上说都是源于自然环境的模仿和借鉴，建筑师的任务就是要在建构中将对人、对环境的影响降至最低。设计中提出了保护自然、贴近自然、融于自然、和谐自然的策略。

保护自然是基础。月湖地区山水资源得天独厚，拥有城市"绿肺"的美誉。山体、湖面是自然赐予的宝贵财富，加上琴台遗迹，以及沉淀多年的历史传说，更是弥足珍贵，需要去珍惜保护。规划上采取低干预的策略，尽量不动树木、不填水体、不破湖岸，只是采取略加整合的方法加以修饰。这种应对方式不仅可减少人为因素对环境的影响，也使环境更加生态自然。

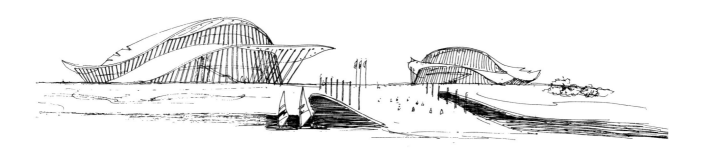

　　贴近自然是体验。让月湖文化艺术园区成为人人可以共享和亲近自然的场所。建筑、广场、平台铺地的设计顺应地形地貌，通过高高低低、层层跌落的广场和步道，以及与山水融为一体的形态自然的建筑，形成具有情景交融的自然场所。游人漫步其中，感受不到建筑的存在，使人产生"不识庐山真面目，只缘身在此山中"的感觉。南面的文化广场中，尽量营造一种与人的活动紧密联系的绿化环境：曲径通幽，鸟语花香，流水潺潺。艺术中心区通过提供大面积的可供休闲、放松、观湖的绿地斜坡，横跨汉江和月湖的步道及高架亲水平台，使亲近自然、体验自然、欣赏自然成为可能。湖边的生态绿地、观景平台以及亲水步道都无时无刻不在引导着人们走进自然。规划还设置了体现"知音文化"的五个特色广场：琴之声、琴之乐、琴之悠、琴之雅、琴之韵广场。月湖文化艺术园区给市民提供了忘情于自然山水，醉心于知音文化，享受于闲暇之乐、感悟于交往互动的城市空间。

　　融于自然是在规划上强调保持山体与湖岸的自然性，塑造出自然山水和人工园林交融的亮丽风景。就建筑而言，融于自然应该是中国传统建筑的最高境界，在设计中力图让建筑空间流动起来，营造出亦虚亦实的空间体验。通过开敞通透的外形而引入周边环境。将建筑内部空间与外部环境融会贯通，让人毫无阻隔地流连在建筑、音乐、山水间。这种流动感实际上与"高山流水"所表达出的人与自然的交融是一致的，体现了对自然中生命力的一种追求。

　　和谐自然是指建筑应与周边的山脉、水体、绿化"和睦"相处，而不是突兀于所处的自然环境。环境决定建筑形体，形体生成源于山形水势。琴台文化艺术中心与山水为邻，自然成为山水的一部分。流畅、动感、舒展、通透、空灵、静谧的造型，让人觉得建筑就是生于斯、长于斯的。文化广场融入地域文化与历史的景观，创造一种"享受自然，品味历史"的休闲环境。

规划布局——园中造园　慢行体验

　　规划布局中运用中国园林的布景和理水手法，追求自由、灵活，曲折流畅，朦胧曼妙的文化氛围。规划从空间和结构上分为八个功能区，结合各自特色塑造出新"月湖八景"，以"园中园"的主题形式将整个公园串联起来。

　　处于月湖北岸的琴台文化艺术中心，建筑的立意以知音文化为线索，融山水自然之灵气，既似楚凤腾飞，又似知音弦琴，充满了诗情画意。此区域以具有现代风格的艺术中心为主，兼有室外露天平台、跨江步道桥、生态覆土草坡，与建筑融为一体。

　　月湖南岸的文化广场区域分了四个大的功能区：琴台古景区、琴台知音广场中心区、露天剧场及楚文化展示区、汉阳工业文化主题公园区。文化广场位于月湖之滨，挟山水之灵气，融人文之精华。设计采取保护自然、低干预的策略，文化广场在尽量保留原有的植被、绿化和水面的前提下，加以利用、疏导、改造，从而让其更具生

态价值。

琴台知音广场犹如在优美的碧水绿叶中绽放的一朵"莲花",是可供3万人观演的大型集会场所。广场轮廓为自然曲线,临湖空间疏朗开阔。生态景观看台宛如一片片自由舒展的花瓣,临水舞台似饱满的花蕊,又如一颗冰清玉洁的水上明珠,漂浮在湖面上,荡漾在碧波中。在知音广场的前广场加上运用现代高科技的生态雕塑——"知音塔",形成广场的高潮。

遥望对岸文化艺术中心,在沿湖漫步的行进中,可以体现到传说与现代跨越时空的对话,真实地感受到文化时空的延续。

规划布局中着重考虑知音广场与文化艺术中心在空间和视觉上的相互关联,烘托整个文化艺术区的文化氛围。通过山水的媒介进行延续、对话,从而使园区整体更加和谐、统一。

景区以慢行交通系统为主,只有在慢中才能欣赏到自然风貌的妙处。用地范围内的路网系统主要由曲线构成,线型流线丰富,通而不直,为实现慢行交通提供了保证。一条弧形道路连接月湖南北两岸,其中跨越湖面的路段通过湖底隧道连接,弧形道路在北岸止于音乐厅东侧停车场,在南岸延伸至琴台路,并与其平交。区内车行交通工具主要为电瓶车,形成了具有特殊体验的慢行观景交通系统。规划除了通过环湖的陆上交通来贯穿月湖南北两岸,还在文化艺术中心、梅子山、文化广场和月湖半岛四处设置了游船码头,构建游览月湖的水上交通系统,形成水路两栖交通格局。

人行交通系统主要由环湖步行景观走廊、园区小径构成,并与龟山、南岸嘴等景点相连,形成完善的步行旅游系统。人行流线是自由的、感性的,设计试图创造出活泼、流畅的人行道路。流线型的景观步行道强调空间的开放和流动,使人能亲近水面,并有柔化湖岸的效果。

城市空间——舒展流畅　开阔起伏

对于城市空间和环境轮廓的梳理也是设计的重点。月湖地区有两座体量较大但不高的山体——梅子山与龟山，在规划中采取了不影响方案主体构思和城市空间效果的前提下，保护城市天际轮廓线延续性的策略。主体建筑在空间上顺应其走势，使新老建筑间、建筑与自然间相互融合，共同创造舒展流畅、开阔起伏的城市新空间。

在园区整体空间景观设计中，充分考虑了新建建筑与龟山、梅子山、月湖、文化广场的关系，琴台文化艺术中心充分考虑了与环境之间的体量关系，建筑与自然相结合，共同创造新城市空间。在城市轮廓线的塑造上，建筑用较柔的曲面形体与梅子山和龟山相呼应、协调，并巧借山势，形成升腾之势。用通透的造型来弱化建筑体量，在高度上低于山体并与其轮廓相一致。文化广场由一个步行通道和一个大型亲水广场组成，加上反映楚文化的柱列、知音塔等构筑物形成空间序列。与北侧的琴台文化艺术中心，形成园区主要中轴线。知音塔作为标志点，在形成文化广场—艺术中心和龟山—琴台—文化广场—梅子山这两条园区轴线中起到了不可或缺的关键作用。园区其余部分则尽量利用现有植被和地形，用中国古

典园林中"师法自然"的手法，自由浪漫地组织景区环境，协调与梅子山、琴台的关系。

琴台文化艺术中心和文化广场是难得的滨江滨湖地区。为了显山、露水、透景，在设计中保证有良好的视线通达性，在视觉通廊上考虑在各个方向的视线均好性。

大剧院和音乐厅在建筑形体上呈环抱开放之势，与古琴台遥相呼应，表现了新老建筑间跨越时空的对话关系。大剧院与音乐厅相对独立，使视线开阔、通透，从步行桥穿过艺术中心可直达月湖南岸文化广场。

规划根据不同的地理位置和现状提出不同的城市空间设计方法。临汉江沿线，为更好地体验滨江滨湖依山的特色，设计了一系列观景场所，沿江设有高架景观台，在文化艺术中心处设置大型高架平台与凤琴桥相连，并对凤琴桥立面造型进行相应处理。在丰富景观天际线的同时，形成城市新景观。沿鹦鹉大道考虑江汉一桥至长江大桥引桥的人行景观，尽量开敞、通透。除小品外，不做新的建筑物。

绿化景观——高山流水　灵动自然

绿化景观主要由艺术中心、文化广场、月湖半岛三个部分组成。对应设计了三条主要景观绿

化带，用一条虚虚实实的绿化景观轴将绿化景观系统串联起来，形成有机的绿化空间环境。这些绿化景观也是成为月湖艺术区空间的组织者，景观或以滨湖景观步行通道，或以成片绿化植被，或以各具文化特色的生态建筑呈现在游客面前，相互渗透，相互融合，形成丰富的外部空间。

水景是串连整个规划区空间形态的重要景观因素。将水这个灵动的元素引入不同的空间中，使之充满生机和动感，也使"高山流水"的知音文化底蕴在潜移默化中无所不在。从知音文化之源——"古琴台"引出一条带有浓浓的文化氛围的小溪——"知音泉"；蜿蜒曲折的溪流，缓缓流过知音广场，淌过各个景区，流入月湖。通过水的元素将琴台、广场、月湖、文化艺术中心有机联系起来，其形灵动、奔放，宛如一只彩凤翩翩起舞。将月湖水体与文化公园内部环境联系起来，使自然和人工水景与广场互融，互动，奏出和谐的音符。

在园区内植物配植方面，强调整体性、季节性、三维性。整体性：植物种植以大面积成片布置为主，辅以少数形态各异的树种。做到点、线、面结合，使绿化能真正起到城市绿肺的作用。季节性：植物选种采用带有季节性的物种，通过乔木、亚乔木、灌木、花草相互搭配，充分展示大自然的四季分明色彩缤纷：春的姹紫嫣红，夏的郁郁葱葱，秋的五彩斑斓，冬的纯净

开远。三维性：植物配置平面立体结合，做到"高、中、低、矮、平"，即高大乔木、灌木、草本植物、草皮混合布置，层次分明。琴之雅广场及滨江区域均为立体绿化，形成丰富变幻的自然空间景观。

建筑设计——诗情画意　山水图卷

月湖位于两江交汇处，三镇结合点，拥山川美景，守两江繁华，集人文历史之厚重、自然秀美于一身。得此地理之利，琴台文化艺术中心建筑方案以知音文化为线索，融山水自然之灵气。从传统的写意手法入手，运用形体象征艺术，将艺术中心的主题词归纳为"凤凰·琴"。建筑造型希望如中国山水画卷一样具有诗情画意，体现"清风明月本无价，高山流水自有情"的意境。

建筑造型赋予多义性和多种理解和阐释的可能性，追求一种"味外之旨"，一种"弦外之音"，启发人们无尽的奇思妙想。建筑可以从多角度进行解读。

楚凤新韵：楚人崇凤，造型宛如两只腾空欲飞的凤凰，体现了建筑的地域特点。

弦乐知音：琴是自古有高山流水遇知音的传说，艺术中心两座建筑的外围结构如琴弦一样富于变化和韵律，产生琴瑟相知的联想，体现了建筑的文化环境特征。

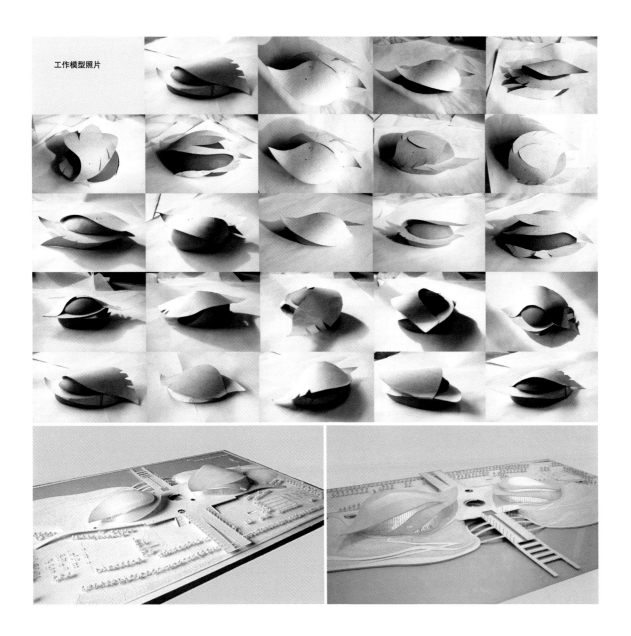

工作模型照片

行云流水：月湖地区最具滨湖特色，武汉亦被称为行云流水之城，建筑造型以曲面为主，具有动感，如行云，似流水，体现了建筑所处的地理特征。

彩带飘舞：艺术中心作为艺术节的主会场，应体现"有朋自远方来，不亦乐乎"的特色，建筑将运动的力度与音乐艺术之美高度结合在一起，巧妙地幻化为舞动的彩带，欢迎来自五洲四海的嘉宾来到。

造型也从挖掘楚文化精髓入手，以现代的手法体现了多种楚国传统元素。楚人崇日，有尚赤之风，楚国的建筑多以赤为主调，大剧院观众厅的外墙选择了楚国建筑传统的颜色——红色，也是中国欢庆的庆典之色，万民同乐的喜悦之色。红色又象征着朝迎霞彩，旭日辉光，如一部伟大的东方史诗，代表开放武汉的臻臻向荣。东方之

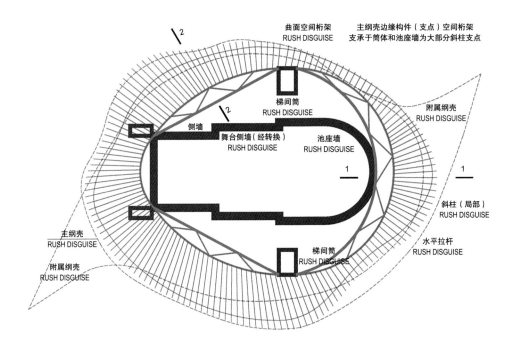

结构选型采用非线性网壳屋盖加钢密柱支撑的结构体系，满足建筑凤凰与琴弦造型要求，轻盈、活泼，富有诗意。

色的红色也将奏响观众心中的圣曲：和平、友谊、平等、自由、光明、幸福和快乐。观众厅的外形及墙上点缀的突粒，使人联想起楚国出土的青铜乐器——编钟。悬挑的大屋顶无疑在影射中国传统建筑的深远出檐。沿湖的缓坡烘托了主体建筑，削弱了建筑物的体量，也与楚国建筑"层台累榭"的手法相契合。

结构选型采用非线性网壳屋盖加钢密柱支撑的结构体系，满足建筑凤凰与琴弦造型要求，轻盈、活泼，富有诗意。钢密柱的排列赋予韵律，与建筑外表曲线玻璃幕墙融为一体，简洁大气，形成了室内通透无柱的观众休息厅。钢斜柱是建筑造型要求，同时也作为屋面网壳的支撑结构。屋面网壳采用与建筑外观吻合的抛物线接圆弧编织形成。前端出挑的尖角部分采用附加网壳，支承在屋面主网壳上。整体结构体系符合建筑的造型需求，受力经济合理。

总之，建筑充分体现了中国传统文化的魅力——东方神韵，妙在似与不似之间。未定与多义构成了设计的主要特征，追求言外之意，韵外之致。阐释了传统艺术的内在精髓：静中求变，多义共生。激发想象，吁请参与的特性也契合了当代世界文化的潮流。

琴台文化艺术中心的规划布局以贯通南北的共享空间为核心，西侧为大剧院，东侧为音乐厅，建筑在整体设计的基础上考虑功能和使用的独立性，便于管理，有利于分期实施。

建筑平面设计是基于对周边环境资源的有效利用为原则，除了安排妥帖剧院必要的功能用房外还设置了一些展示空间、娱乐休闲、观景空间，艺术中心四周通透，外圈为360°的观景通廊，是理想的观景场所，设有咖啡座、快餐等服务设施，可在平时也对广大市民开放，使其真正成为普通群众的艺术殿堂。音乐厅和大剧院分别设有独立的门厅和休息大厅，每个空间都有良好的观江、观湖视线，大剧院与古琴台形成视线对景，产生时空对话。大剧院还设有平台观景休闲区，以便充分地利用汉水、月湖自然景色资源。

大剧院和音乐厅之间是以音乐为主题的琴之声广场，成为从城市进入建筑的过渡空间，也是供市民休闲的文化广场和缓冲带，体现艺术殿堂的文化性和群众性。向南通过广场、绿化缓坡可直达湖边，具有极佳的亲水性。临湖设置了室外露天剧场，可为室外演出活动提供理想的场地。

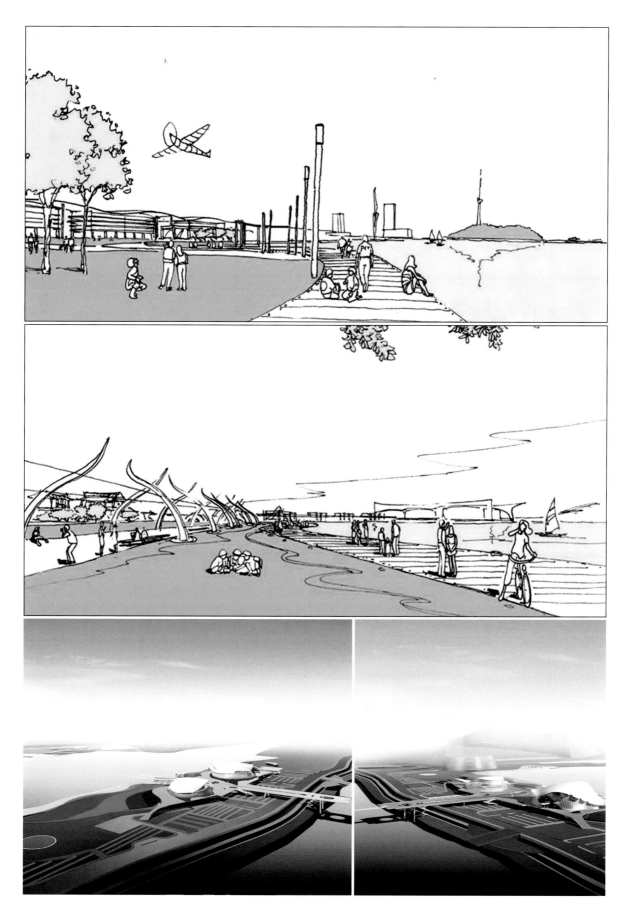

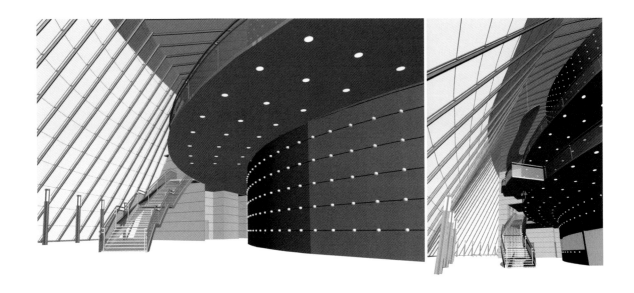

厅堂设计——视听盛宴 天籁之音

对于观演建筑而言，看得清、听得好是保证建筑设计成功的关键要素。大剧院的主要功能是满足大型歌剧、舞剧、音乐剧、交响乐演出，同时还要满足各种戏曲、话剧及其他文艺节目的演出要求。大剧院观众厅形状为马蹄形，观众席包括池座和3层楼座，有利于缩短观众与舞台的距离，获得更好的观赏效果。观众厅的声学设计中采用多种策略来获得优异的声场效果。由于不同剧种对语音清晰度有不同的要求，演出时上座率也会忽高忽低，为适应混响时间的变化要求，在观众厅侧墙面上设置由计算机控制的可调混响装置。话剧演出时可调吸声装置吸声面外露，混响时间可下降0.15s左右。保证不同演出时对应的混响时间，取得良好的视听效果。观众厅舞台口附近顶棚及侧墙选择恰当的张角和面积，采用强反射饰面材料，以确保观众席能获得早期反射和侧向反射声。观众厅侧墙和后墙采用柔和的木质材料构筑成反射扩散体，丰富了早期侧向反射声，使声场更趋扩散，避免了圆弧面聚焦和后墙面回声的产生。观众厅吊顶要本着有利于前次反射声投向挑台下观众区的原则，选取合适的形式及倾角，改善挑台下观众的听闻条件。

音乐厅主要用作大型音乐节目演出，也可供四管交响乐团的演出。要求厅内音质要能提升演唱、演奏的演出效果，丰满而又较清晰，平衡而又均匀。不产生声聚焦、声爬行、回声等音质缺陷。观众厅多边形平面布置的好处是观众与演员间的距离拉得更近，亲切感和融合度进一步提高。墙面装设扩散体，利用包厢栏板、包厢间的矮墙来提高声场的扩散度及增强早期侧向反射声能，提高音质效果。为了把演奏台的演奏声顺利地输送至所有观众席，在演奏台上方，叠落式包厢上方悬吊调控自如的声反射板。为了使演唱、演奏声较为融合，演员间的相互听闻清晰可达，演奏台侧墙及后墙装有扩散体。

舞台工艺设备是实现剧目演出效果的关键因素。为了实现更好的演出效果，艺术中心配备了台上，台下和辅助运景等功能最齐全、超前的舞台工艺设备。

设计中对于提升观演效果多方面的考虑，为琴台文化艺术中心谱写一曲现代版的"高山流水遇知音"的传奇故事提供了保障。

结语

琴台文化艺术中心和文化广场的设计中倾注了大量的心血和思考。虽然由于种种原因，没有成为实施方案。但设计中体现对飘逸、灵动意境的追求，对建筑与文化、建筑与环境、建筑与技术融合的探索还是值得总结和推广的。

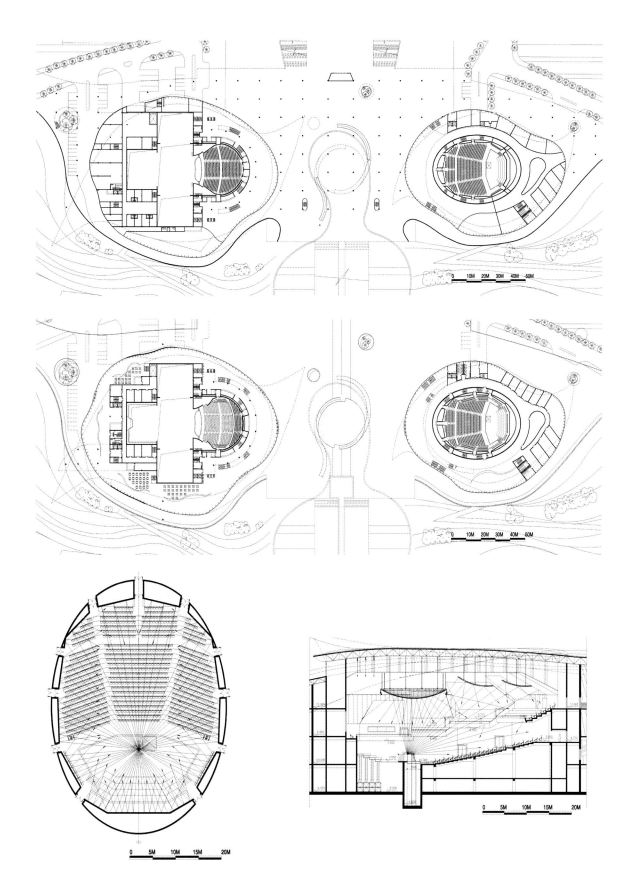

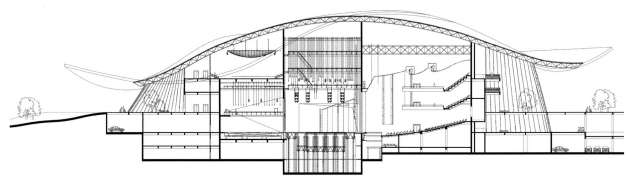

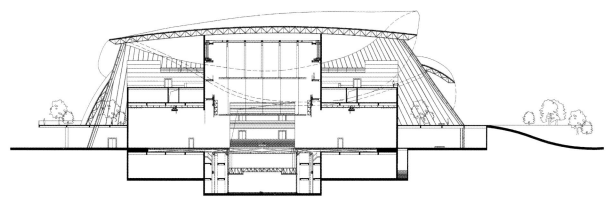

辛亥革命博物馆（新馆）
The Revolution of 1911 Museum (New)

设计时间：2008.06—2009.09
竣工时间：2011.09
项目区位：湖北省武汉市武昌区阅马场
建筑面积：22138m²
结构形式：钢管混凝土柱、钢混凝土剪力墙结构
合作建筑师：叶炜　郭雷　丁卯　李鸣宇　蔡晓鹏

Design Period: 06. 2008—09. 2009
Completion Time: 09. 2011
Project Location: Yuemachang, Wuchang District, Wuhan City, Hubei Province
Floor Area: 22138m²
Structure Type: Concrete–filled Steel Tubular Column, Steel Concrete Shear Wall Structure
Co Architect: Ye Wei　Guo Lei　Ding Mao　Li Mingyu　Cai Xiaopeng

辛亥革命博物馆（新馆）
The Revolution of 1911 Museum (New)

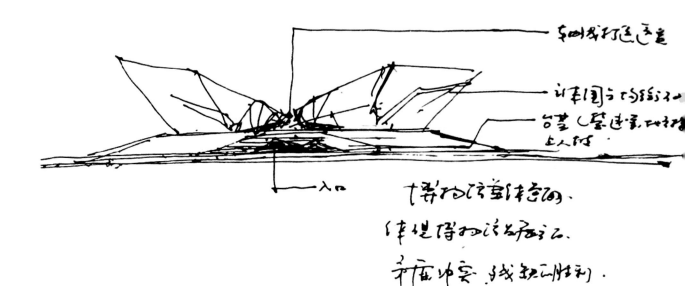

营造纪念氛围　展现首义精神

——辛亥革命博物馆（新馆）和首义南轴线的设计创新及文化意境

Create a Memorial Atmosphere to Show the Spirit of Shouyi

—Design Innovation and Cultural Conception of the Revolution of 1911 Museum (New) and Shouyi South Axis

　　武昌是一座"依山傍水、开势明远"的古城，始建于1800多年前的三国时期，长久以来一直是华中地区重要的政治、文化中心和军事要地。1911年10月10日辛亥革命在武昌首义一枪打响，成就了中国推翻封建帝制、建立亚洲第一个资产阶级共和国的丰功伟绩，意义非凡。武昌成就了辛亥革命，同时辛亥革命的"首义精神"也永久地烙在了武汉的城市名片上。

　　转瞬百年，城市发展日新月异，武汉需要一座崭新的博物馆去记录伟大的辛亥革命，去向子孙传承"勇立潮头、敢为人先、求新求变"的首义精神。

　　湖北武汉爆发的辛亥革命是中国历史上具有深远影响和特殊政治意义的事件。为迎接辛亥革命100周年，2008年7月，武汉市政府决定以面向国际的方式征集辛亥革命博物馆（新馆）和首义南轴线城市设计方案。正因为地理位置的复杂与重要及项目建设意义的特殊性，市政府对方案非常慎重，进行了两轮方案征集，采用全球竞标的方式，加之数轮修改，导致方案的确定经历了相当漫长的周期——规划方案和建筑造型的推演长达一年。最终中信建筑设计研究总院的设计团队所提交的设计方案获得第一名并作为实施方案。回想整个创作过程，至今还记忆犹新。

　　项目用地位于现有辛亥革命纪念馆（红楼）以南，北靠彭刘杨路（广场南路）、西邻体育街、南至紫阳路、东抵楚善街，用地约14.6hm²。博物馆（新馆）建筑规模为22000m²。

规划提升城市环境

城市设计地块处于武昌旧城的几何中心位置，现状的城市环境杂乱复杂，缺乏秩序，首义南轴线及纪念广场的形成对于提升城市环境和空间品质有着积极的意义。为了进一步强化首义南轴线，规划采用中国传统的中轴对称式布局，其空间序列自北向南依次为蛇山、红楼、首义文化园、景观水池、纪念广场及纪念碑、博物馆（新馆）、纪念公园、紫阳湖。构筑面山（蛇山）背水（紫阳湖）的城市空间格局，使整条首义南轴线更为突出。

南轴线城市设计之初，规划设想利用南轴线来增强其历史纪念性，轴线上以辛亥革命进程中的若干时间点为节点，命名为时间轴；由于仅有时间轴，空间会觉得呆板生硬，在时间轴的基础上布置折线形态的反映辛亥革命重大历史事件的事件轴。两条轴线相互穿插，变化丰富，在时空的穿越中，空间显得丰富饱满。

景观视廊　三角构图

南轴线城市设计中最重要的建筑是辛亥革命博物馆，如何既保证建筑的标志性又与环境协调统一，是设计的一大难点。其平面形状的确定对轴线空间的形成至关重要。从整个城市空间及景观环境的视野着手，进行分析判断，从而确定适当的博物馆形体成了规划设计的主要任务。用地

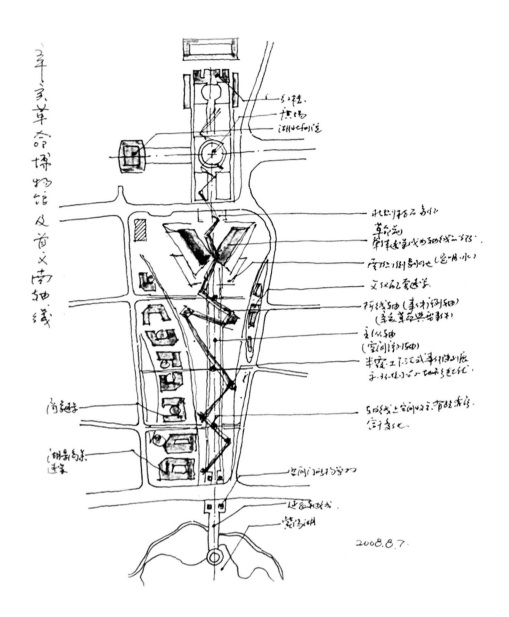

所处的首义文化园及其周边地区景观资源丰富，除辛亥首义遗迹外，还荟萃了蛇山、黄鹤楼、白云阁等著名的自然与人文景观。北面的蛇山既是登高远望的制高点，也是俯瞰整个首义南轴线的最佳观赏点。规划保留了基地与蛇山上重要景点的空间视廊联系，形成了"轴线—黄鹤楼""轴线—蛇山炮台"两条景观视廊。保证城市空间视线的通达，使博物馆与景观保持良好的视觉联系。景观视廊与开敞空间的组织有助于加强城市主要景点与博物馆的有机联系，给城市空间增添层次感和特色感。

两条景观视廊与首义纪念中轴线相交，恰好形成了一个正三角形。在柏拉图体中，正三角形本身就被赋予力量、进取的意味，符合辛亥革命的精神——"求新求变、勇立潮头、敢为人先"，也容易联想到"彭刘杨三烈士""武汉三镇"等一系列与辛亥革命相关的历史人物和地理特色。

通过城市视线与空间关系的分析，确定了辛亥革命博物馆的平面外形为正三角形。这种基于城市设计有机生成的形体比凭空想象的平面形状更有说服力，也更有空间逻辑性。

新旧呼应 轴线开放

辛亥革命博物馆平面轮廓和外形均以三角形作为母题。建筑的北面面对红楼的局部内凹，形成变异的三合院布局与U字形红楼的平面布局遥相呼应。新旧建筑跨越了历史时空，在空间上形成围合、在形式上产生对话关系，体现100年前后历史的呼应与对位。辛亥革命博物馆倾力打造亲民、开放的公共空间。将一层置于缓坡之下，创造出"高台、空灵"的建筑形象。实现了建筑

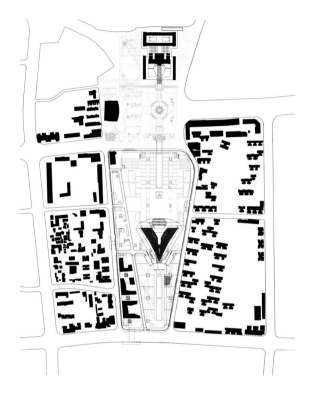

可通过性，确保了首义文化区南北轴线的延伸与通透。市民通过缓坡台阶拾级而上穿越博物馆，拉近了建筑与人的关系，体现建筑与城市的融合。

环境景观　自然融合

规划充分挖掘武昌古城悠久文化内涵和独特山水资源优势，以弘扬首义精神为主线，打造辛亥革命国家级纪念重地和特色历史文化旅游区。以"首义精神"为环境塑造的切入点，充分展现辛亥革命历史人文景观，提升纪念性城市公共空间的品质与价值。从城市设计角度出发，北部为纪念广场及博物馆，南部为纪念公园及文化商业建筑，整体形成完整的首义文化区。通过地下空间将现有首义广场、辛亥百年纪念广场、博物馆以及附属文化设施联系起来，并考虑与周边地下空间相衔接以及分期建设的可能性。充分利用地下商业、文化、休闲等功能，给城市注入活力。结合武昌区域位置和辛亥革命起义的历史过程，规划两条旅游路线，提升武汉形象与知名度，形成拉动区域经济发展的综合载体。首义南轴线城市规划和辛亥革命博物馆（新馆）设计为城市提

供了一个具有活力的集纪念、集会、文教、休闲于一体的公共活动场所，体现了"公园中的博物馆"的理念。

建筑传承首义精神

辛亥革命博物馆（新馆）是一个历史主题鲜明、反映辛亥革命全过程的历史纪念馆。建筑造型融合现代手法与"首义精神"为一体成为设计的另一难点。这种历史事件型博物馆与一般城市博物馆不同之处在于：首先建筑外部形象表达是"主题鲜明、立意高远"，其次建筑内部空间需"激发人们对纪念主题的情绪感知，引发观众情感上的共鸣"。

建筑外形为三角形。通过简洁的线、面关系，塑造出刚毅、挺拔的视觉效果，表达出积极向上、锐意进取的意味。建筑具有较强的标识性和象征性，蕴含"旗帜""飞翔""闪电""历史峡谷"等寓意。多种造型元素交相呼应，塑造出步移景异的视觉盛宴。建筑强调整体环境和氛围的创造，着力处理好与旧馆（红楼）及周边城市环境的关系，强调与整个武昌老城区的景观相和谐的同时，突出场所精神和意境的创造。

建筑构思传承以"勇立潮头、敢为人先、求新求变"为核心的首义精神，建筑造型追求"大象无形、大音希声"的境界。

形体营造历史氛围

辛亥革命博物馆外形设计独特，融现代手法与首义精神为一体，融合了中国传统建筑元素和现代建筑特色。高台大屋顶的架构彰显中国建筑"双坡屋顶"和飞檐翘角的形象特质；几何形向上升腾的外墙意象颂扬了敢为人先和求新求变的精神内涵。三角形的建筑母题，赋予建筑创新、进取的意味，反映了辛亥革命的历史意义。

辛亥革命博物馆是依据其所处特有的历史、地理环境，进行了独特的设计构思。以展现"首义精神"为主线，强调纪念氛围的营造，追求庄严肃穆的空间形象。建筑北侧主入口两边的墙面如同自由的旗帜引领觉醒的民众冲破封建专制的桎梏。中间的折面造型象征着历史的峡谷。南侧面向纪念公园高高翘起的部分形成"人"字的造型，揭示了辛亥革命成功后，人民成了历史的主

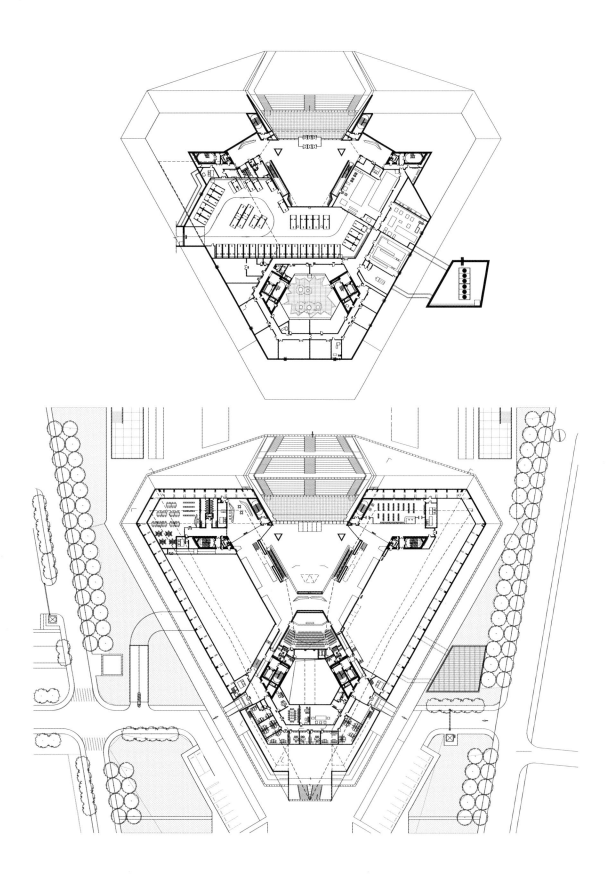

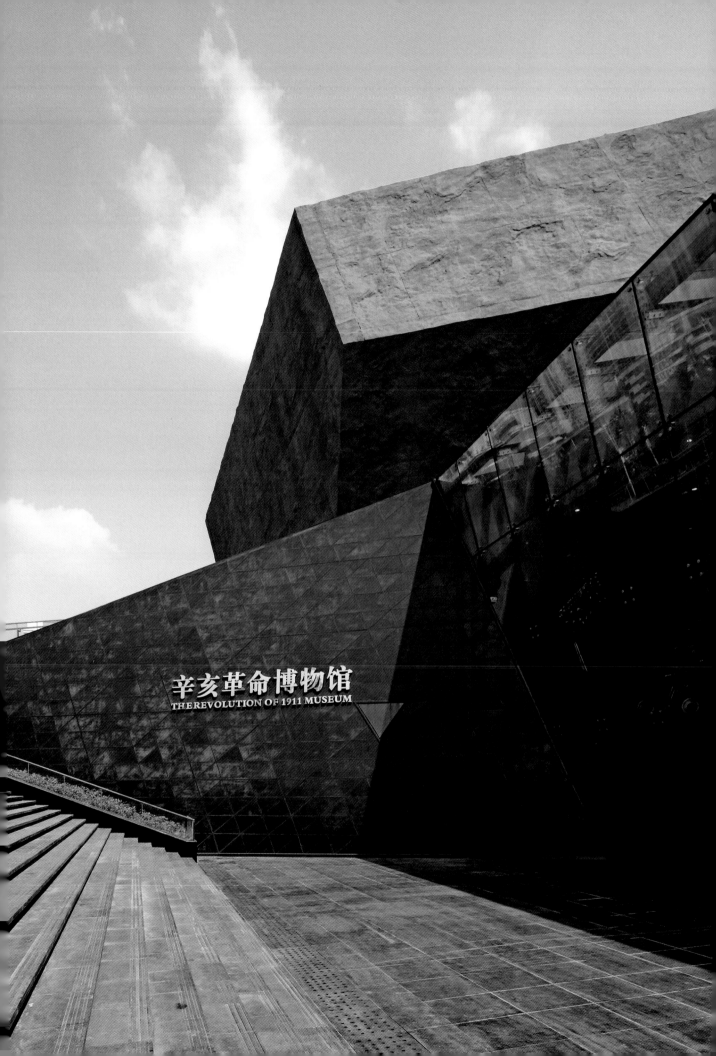

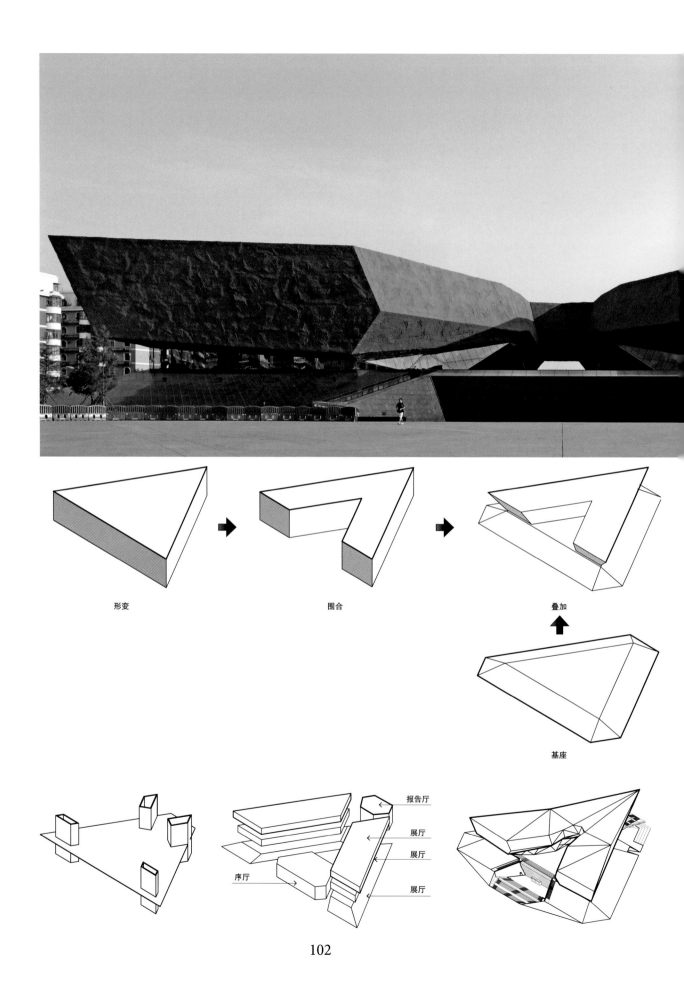

形变

围合

叠加

基座

报告厅

展厅

展厅

序厅

展厅

人。建筑造型反映了时代特征、地域特色，在首义文化区和武昌老城区的整体环境中显得尤为突出，具有雕塑感和纪念性，体现出历史的沧桑感。

建筑外墙采用粗糙的表皮肌理，利用自然雕琢、风化的纹理，创造出整个建筑"破土而出、浑然天成"的艺术效果。三角形内凹形成V字形的形体削弱了三角形的体量，缓坡台基减少了建筑物的高度感，使建筑体量与高度同红楼、蛇山及周边建筑相协调，营造出肃穆、凝重的纪念风格。缓坡台基与三角形形体之间不是直接连接，而是采用玻璃作为过渡，造成视觉上的冲击感，象征着冲破封建束缚，敢为人先的首义精神。建筑将一层置于缓坡之内，创造出"高台、空灵"的建筑形象。二层的室外展场和景观廊桥确保了首义文化区南北轴线的延伸与通透。

空间叙述历史事件

辛亥革命博物馆设置了四项主要功能：辛亥革命历史展览，综合服务，武汉近代史研究及学术交流，辛亥革命文物存储。整个建筑共4层，功能布局分为南北两个区。北区布置了展览陈列功能和观众服务功能，平面上利用V字形两翼布置展厅，确保展厅空间相对规整有利于多样场景式展陈空间的布置。南区布置了技术办公功能和藏品存贮功能，既相对独立又联系方便。普通观众、贵宾、办公、货物均独立设置了出入口及相应的停车场。在满足使用功能的同时做到了人车分流。

建筑空间是建筑师的语言。设计中运用叙事空间的手法，试图通过建筑语言向公众讲述辛亥革命这一特定历史事件的发生、发展、高潮和结束，力图使博物馆成为具有戏剧性的、蒙太奇式的场所。建筑空间遵循展陈设计机构提出的"以场景为主、文物为辅的方式展现辛亥革命波澜壮阔的历史过程"的使用要求，意在将整个展馆串联为一首献给辛亥革命的空间叙事诗。为此专门设计了一条"体验式"流线：将观展和游览结合起来，动线即展线。可让观众体验到空间的连续性和流畅性，希望参观博物馆的过程，也能成为一种心灵交流的过程。

建筑的入口设计几易其稿，最后确定从北广场通过下沉的空间进入博物馆。观众从室外逐级而下5.4m进入室内序厅，引领观众完成从喧嚣——宁静——思考的心理体验。整个序厅被覆于缓坡之下，刻意塑造出一种暗示革命前的黑暗

统治及腥风血雨的气氛。当观众向上进入二层，感受的是革命呈现螺旋上升的艰辛历程。二层展厅结合室外展场，将自然光从侧面引入室内，达到一种"柳暗花明又一村"的空间感悟，领略的是革命的爆发和突变的历史进程。三楼为博物馆的最高处。南侧的露台视野开阔，可以眺望整个南广场和紫阳湖，体验的是革命达到高潮的无限风光。观众在整个参观过程中"见之于行、感受于心"，精神世界得以升华。经过不同空间的起承转合后，动线具备了灵动漫游的属性，也具备了可感知、可体验的特点。希望观众行走于博物馆中，处处感悟到无声的诗、立体的画，体会到独特的空间魅力。

每个展示空间均通过"桥"的形式与休息区连接，将展厅的展示功能外化拓展，体现了建筑空间与布展空间的融合。两者间设置了2.7m宽、3层通高的采光庭，通过水平与竖向两个维度相互穿插，错落有序、步移景异，形成了极其丰富的室内空间。自然光从天窗自上而下洒入室内，在展厅粗糙的GRC外墙上形成时异景异、变化无穷的光影效果。建筑充分利用自然采光达到室内外空间的水乳交融的效果。

色彩体现楚国传统

建筑外墙采用红色，基座采用黑色。红与黑两色的对比，不仅反映了辛亥革命所表达的"革命"与"黑暗"的对应，也体现了楚国建筑"红"与"黑"的色彩基调。红色暗示着革命的流血牺牲，又与红楼的建筑色彩相得益彰。视觉上既有楚国红的联想，又表现了辛亥革命的色彩。黑色的缓坡台阶使红色更为突出，红、黑两色相互烘托，相映生辉。完美表达了楚文化浪漫奔放的艺术特征，也展现了现代建筑的大胆用色。

刀耕斧凿　肌理营造

为了让建筑红色外墙实现自然雕琢的肌理效果，选择适当的外墙材料及加工工艺成为项目实施的一个重要因素。设计中对博物馆的外墙材料进行了多种比选，主要有天然石材、混凝土挂板、GRC挂板等。

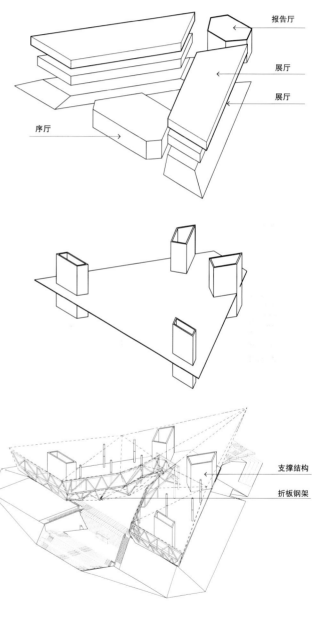

报告厅

展厅

展厅

序厅

支撑结构

折板钢架

天然石材作为传统的建筑装饰材料,具有硬度高、质感好、耐久性好的特点。但其可塑性差、色彩难以控制,同时石材的分块尺寸也相对较小,外墙肌理的连续性难以保证。混凝土挂板的可塑性和颜色可以达到设计要求。但其自重相对较大,受此限制,挂板分块尺寸较小,整体性差,肌理的连续性也难以保证。GRC挂板是以耐碱玻璃纤维作增强材料,水泥为胶粘材料制成的轻质、高强的新型无机复合材料。GRC在国外已有很多成熟的案例。相比传统天然石材,它的优势在于分块灵活,且分块尺寸较大、色彩丰富可随意调整。能够保证建筑外墙肌理的连续性。同时GRC挂板轻质、高强的性能大大减少了混凝土的用量,其低碳环保的特性得到建筑师的青睐。

通过多方面的比较,最终决定采用GRC挂板作为辛亥革命博物馆外墙材料。建筑红色外墙面积达11000m^2,如此大规模、表面肌理连续且不规则、最大凹凸达25cm的具有强烈雕塑感的GRC外墙在国内尚属首例。从建成效果来看,基本达到了刀耕斧凿的设计意图。同时也更好地表达建筑的精神特质及特殊的艺术氛围。室内墙面同样采用粗糙肌理的GRC挂板作为装饰,这种材质令建筑在粗犷中显得沉稳,沉稳中显得安静。与博物馆的内部空间氛围十分契合。

GRC挂板是环保再生材料,使用废弃的石粉、石渣作为原料加工而成,变废为宝。轻质、高强的性能大大降低了自重,从而减少了混凝土和钢材的用量。与干挂花岗石外墙相比,GRC挂板可使结构构件尺寸减小,经统计辛亥革命博物馆共减少混凝土用量约300m^3,节省钢材约160t。GRC挂板低碳环保的特性符合绿色的设计理念。

近年来,由于GRC具有可塑性强、艺术质感好的特性。另外色彩丰富、分块灵活。这些特性能帮助建筑师很好地塑造建筑的个性与风格,因此在国内一大批博物馆建筑工程和大型公共建筑项目中得以广泛应用,几乎成为一种时代的趋势。

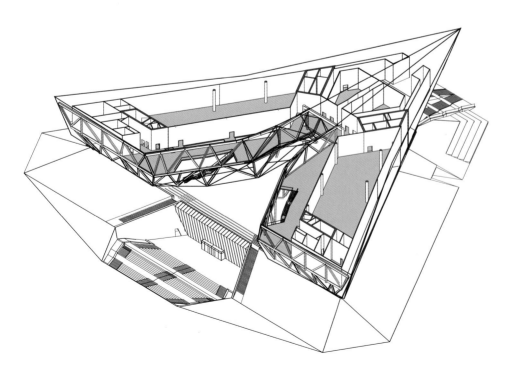

建筑结构整合统一

辛亥革命博物馆在追求独特建筑造型的同时，也希望建筑的形式逻辑与结构的受力体系达到整合统一。

博物馆北侧的八字外墙呈多边形不规则形态，立面起伏翻折，由多个形状不同、大小各异的三角形折面组合而成。底部为不规则形状的玻璃，上部为GRC挂板。针对形状不规则、内凹、外凸较多的情况，经过与结构专业反复协商，最终采用斜交网格组合折板空间钢架的结构体系，保证建筑内外一致的凹凸效果。这种体系的优点是将建筑的折面造型与结构的承重构件合二为一，实现了一体化设计。与建筑折面对应的三角形斜柱既作为楼层竖向支撑结构，又作为玻璃幕墙支撑龙骨，增加了建筑的通透感。建筑室内获得了无柱的休息区，释放了公共空间，达到了建筑与结构的完美统一。

空间折板钢架采用400×400正方形截面，与外墙形成有机统一的整体。折板钢架以三角形为基本单位，布置灵活，能够满足建筑凹凸起伏的需要。结构整体刚度大，变形小，有利于降低结构变形对幕墙的影响。折板钢架不同于常规的梁柱结构，受力复杂，是一种全新的、开创性的结构体系。

为满足建筑美观要求，空间折板钢架构件连接全部采用相贯焊接节点构造，相比铸钢节点缩短了45天制作周期，同时也降低了180万元造价。

辛亥革命博物馆这一复杂的空间形体用常规的设计工具和方法都难以实现精确定位。空间折板钢架构件定位采用了定位线（面）加节点详图联合表达的方式。控制线确定了构件的近似摆放位置，节点详图反映了构件准确位置与控制线的相对关系，两者结合定位的处理方式减低了构件定位的难度，保证施工定位的准确性。完成的结构满足建筑的造型目标。

折板钢架节点均采用支管相贯于主管的构造形式。由于各节点构造不完全相同，计算选取了典型的节点构造形式，考虑壁厚及主支管夹角的影响，得到不同情况下的节点承载力，再应用于一般节点的设计。节点承载力的计算采用ANSYS分析软件。

通过空间结构设计缩短建设周期、降低造价。矩形钢管折板钢架，每一个空间节点都是独一无二的，其空间定位和图纸表达是工程界的难题。结构设计师研究出用空间控制线和控制面加节点详图的方法解决了这一难题，大幅度提高了设计效率和现场定位的准确性，降低了施工定位难度。

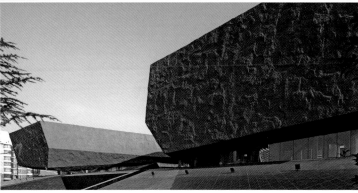

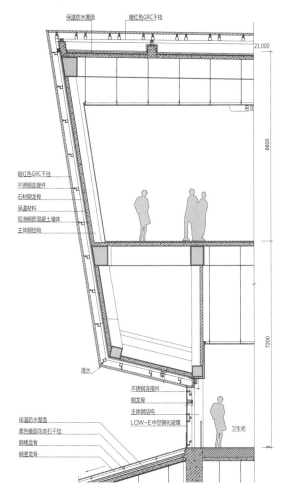

保温防水屋面
暗红色GRC干挂

21.000

吊顶

6600

暗红色GRC干挂
不锈钢连接件
石材钢龙骨
保温材料
现浇钢筋混凝土墙体
主体钢结构

7200

滴水

不锈钢连接件
钢龙骨
主体钢结构
LOW-E中空钢化玻璃

卫生间

保温防水屋面
黑色镜面花岗石干挂
钢横龙骨
钢竖龙骨

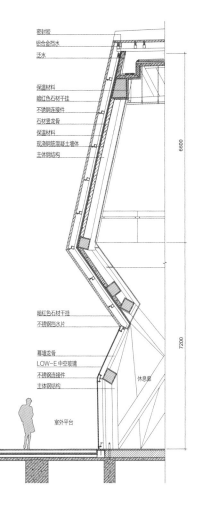

密封胶
铝合金挡水
泛水

保温材料
暗红色石材干挂
不锈钢连接件
石材竖龙骨
保温材料
现浇钢筋混凝土墙体
主体钢结构

6600

暗红色石材干挂
不锈钢挡水片

幕墙龙骨
LOW-E中空玻璃
不锈钢连接件
主体钢结构

休息室

室外平台

7200

113

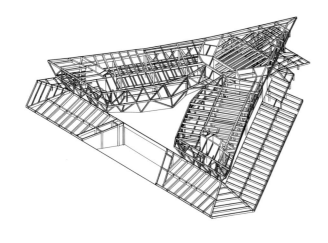

博物馆南侧屋顶悬挑跨度达28m。与结构专业商量结构方案时充分利用了建筑外形提供的有利条件，每边各设一榀整层楼高钢桁架，作为悬挑屋盖的主受力体系。主桁架之间利用建筑分隔辅以三榀联系桁架，以加强结构的侧向刚度。结构受力合理，整体刚度大，结构布置与建筑造型和使用功能协调一致。

数字技术综合运用

从辛亥革命博物馆（新馆）设计伊始，高效先进的设计理念就深深植入了博物馆的设计建设的轨迹。项目在建筑外墙、结构、数字化设计方面采用了多项新技术，希望博物馆能成为具有科技含量的建筑。大跨度悬挑桁架的应用使结构布置与建筑造型和使用功能协调一致，三维数字化设计技术在复杂形体设计定位方面给予了强有力的保证。设计中尝试探索对复杂形体建筑进行施工图设计的定位配合。面对博物馆复杂的形体和空间，用传统二维设计方法遇到了困难，只有通过三维设计的途径才能有效地解决设计问题。

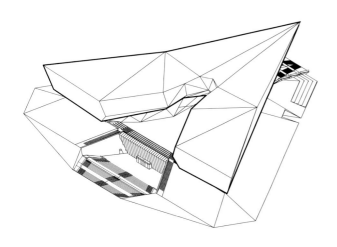

为了实现建筑结构一体化设计的目的，通过三维技术软件，攻克了诸多难题，建构了建筑界面和结构界面的双层模型，既控制了建筑形体效果，也给结构专业提供了三维依据。从而保证建筑结构与形体完美的契合，实现更高的完成度。综合使用RHINO、REVIT、CATIA、NAVISWORKS、TEKLA等多种三维设计软件，最终通过BIM技术的整合，解决了建筑造型的不规则、外墙分格的不重复带来的三维空间定位的难题，对每个分格点均实现了三维空间定位。同时通过三维信息模型便于可视化的特点，对复杂空间进行控制和分析。

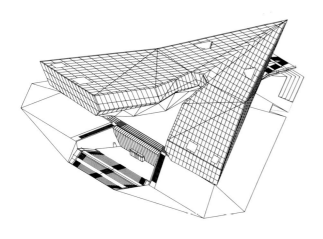

建筑设备有机集成

　　机电系统与建筑造型互融，实现机电与建筑一体化。为了保证建筑外观和景观的干净完整，冷却塔结合建筑单体及总平面布置，在室外采用地面下沉的方式安装，同时采用闭式塔，避免了开式冷却水系统可能产生的污染，远离军团菌。为保证建筑的第五立面效果，将屋顶避雷带隐藏在GRC板的缝隙间；泛光照明灯具采用隐藏安装的布置。

设计雕塑感极强，形体完整，屋面不允许有外露设备。通风设计有效地利用顶层卫生间的上部空间，设置4个下沉式风井作为通风通道与设备夹层，实现空间的垂直复用，在满足通风排烟效果的同时，顾及了建筑第五立面的完整性。

辛亥革命博物馆利用景观跌水作为免费冷却系统。地下一层文物库房的水冷恒温恒湿系统采用设于南入口附近的室外景观跌水作为冷却用水，利用水景的自然蒸发散热带走冷凝热，在保证室内温湿度要求的同时，又为景观跌水免费提供了循环动力的同时，减少了水资源的消耗。博物馆的空间相对密闭，人流量也较大，在所有空调系统上设置静电除尘器与纳米光触媒空气净化杀菌器，营造一个舒适、洁净、健康的室内环境。

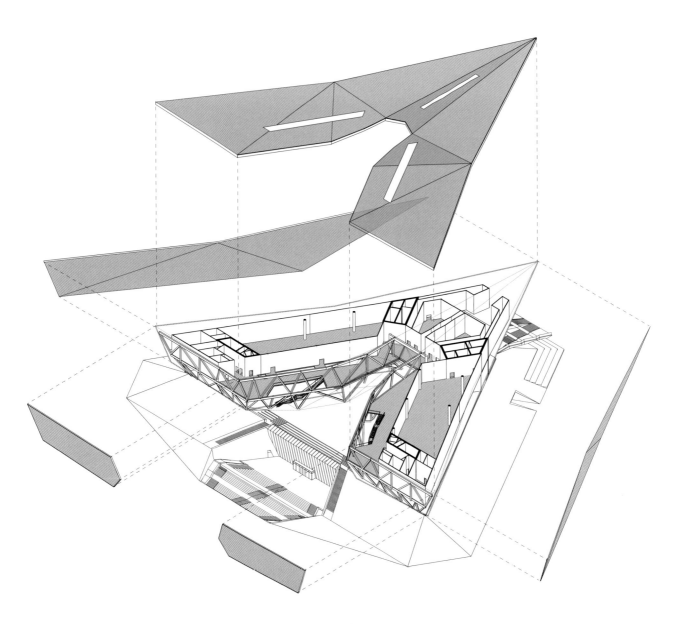

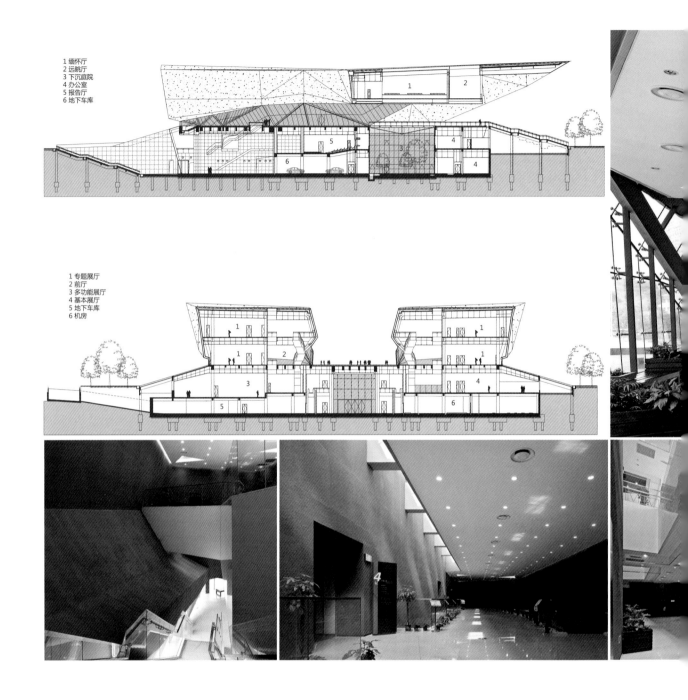

1 缅怀厅
2 远眺厅
3 下沉庭院
4 办公室
5 报告厅
6 地下车库

1 专题展厅
2 前厅
3 多功能展厅
4 基本展厅
5 地下车库
6 机房

结语

　　为了保证建筑造型的整体性，不允许有烟囱存在，建筑的功能特点也不宜以燃烧化石燃料作为空调系统的热源。中央空调热源因地制宜地采用电热水锅炉蓄热，省去了常规锅炉房的烟囱，实现无烟无污染无噪声的绿色理念。

　　辛亥革命博物馆于2009年8月动工兴建，2011年9月落成，2011年10月免费对社会开放，参观者络绎不绝，至今已接待136万人次。2011年10月10日，纪念辛亥革命100周年的活动圆满成功，得到了大众的认可，让设计者感到无比自

豪。希望辛亥革命博物馆在完成纪念建筑使命的同时，能成为当地居民生活的一部分，成为人们喜欢的标志性建筑。它不仅是首义广场的文化新坐标，也是海内外观众品评文化武汉和感受魅力武汉的重要窗口。

辛亥革命博物馆（新馆）建筑设计及首义南轴线城市设计是一种探索与尝试。希望创造既能体现革命精神又能与城市和谐共处的博物馆建筑。通过特有的建筑语言及空间布局，表达建筑师在建筑创作过程中对于辛亥革命这一特定历史事件的态度及思考——绝不只是为了创造一种迥异的建筑形式，而是将强烈的象征意义融入建筑创作的理性表达。

湖北省图书馆（新馆）
Hubei Provincial Library (New)

设计时间：2007. 10—2008. 12
竣工时间：2012. 12
项目区位：湖北省武汉市武昌区公正路
建筑面积：100523m²
结构形式：框架结构
合作建筑师：高安亭　汪斯露　张强　祝海龙　李晶

Design Period: 10. 2007—12. 2008
Completion Time: 12. 2012
Project Location: Gongzheng Road, Wuchang District, Wuhan City, Hubei Province
Floor Area: 100523m²
Structure Type: Frame Structure.
Co Architect: Gao Anting　Wang Silu　Zhang Qiang　Zhu Hailong　Li Jing

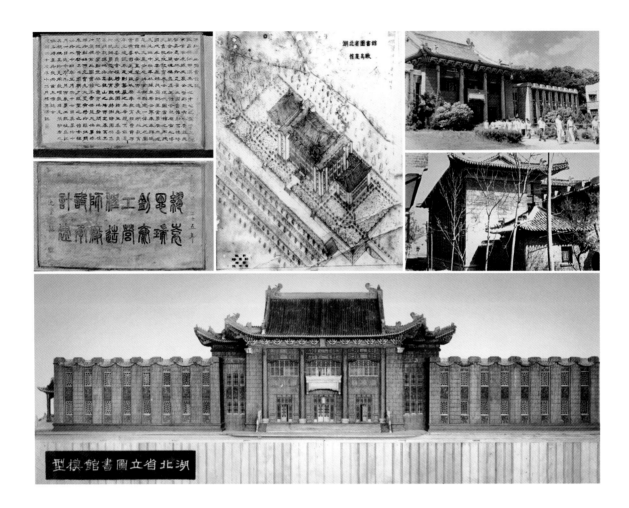

楚天鹤舞　智海翔云

——湖北省图书馆新馆

The Crane Dancing in the Sky of Chu
—New Hubei Provincial Library

沿革

　　湖北武汉是中国近代图书馆的发祥地。湖北省图书馆老馆始建于1904年，样式精美，庄重典雅，由我国早期著名建筑师缪恩钊、沈中清设计，是由湖广总督张之洞和湖北巡抚端方等人创办的我国最早建立并对外开放的省级公共图书馆。享有楚天智海的美誉，至今已逾百年，为省级文物保护建筑。

　　老馆位于武汉市武昌武珞路45号，经多年的发展，现有馆舍占地面积1.66万m²，由5个建筑单体组成，分别为历史地方文献大馆、古籍大馆、少儿图书馆大馆、特色图书馆大馆、数字图书馆大馆，五个大馆为支柱。总建筑面积2.5万m²，其中：阅览区总面积7500m²，闭架书库面积7600m²，阅览座位1290个。

　　百余年的积累使湖北省图书馆馆藏丰富、门类齐全。凡与本省经济、政治、文化、社会建设相关的重要典籍基本齐备，对全省经济建设、科研生产和科学决策具有较强的支撑能力。

　　由于社会的发展，湖北省图书馆老馆显然已难以容纳越来越多的藏书和读者，已经不能满足湖北省政府提出的"中部崛起、科教兴鄂、数字湖北和建设文化强省"的战略要求，建设一座具有一定规模和现代化水平的、具备综合服务能力的湖北省图书馆新馆已刻不容缓。

相地

　　经过武汉规划部门多次选址及论证，新馆最

终选址于武昌沙湖余家湖村，该地块深约190m，宽370余米，呈矩形状，总用地面积6.72hm²。

基地南面为40m宽城市主干道公正路，北面为城中湖沙湖，沿湖为风景秀美的沙湖公园，东侧毗邻省国土资源厅办公大楼，地段优越，交通方便，环境优美。

一块近似矩形的用地，看似建筑师可以任意创作，但规划在建筑长度和高度两方面严苛的限制条件束缚了建筑师的手脚。

一方面，湖北省图书馆新馆体量庞大，功能复杂，在全国省级图书馆中位列前茅。总建筑面积共计10万m²，包含有藏书、借阅、咨询、培训、业务、行政、技术、后勤、保障等功能。

另一方面，由于位于滨湖地块，景观资源丰富的同时也带来了严格的规划设计条件，根据武汉市三边规定：临湖建设项目需控制观湖视线通廊，基地开敞面原则上不得少于湖泊沿路长度的50%。这样就对建筑的面宽有了限制，除此之外，对建筑物的高度也有限制，沿沙湖控制在20m以下，邻公正路控制在40m以下。因此要在这块用地上规划设计一座造型有特点、功能完美的建筑也绝非易事。方案经过两轮投标，共21个方案的角逐，最终中信建筑设计研究总院的方案脱颖而出，成为实施方案。

库哈斯讲过一句话："用宽恕现状的态度来面对这混乱的世界，相信建筑师的问题是要解决都市问题。"

如何将被动规划条件的掣肘转变为建筑师主动地回应对环境的尊重与对城市视线的保护，以建筑之形符合规划之意，是建筑师破题的切入

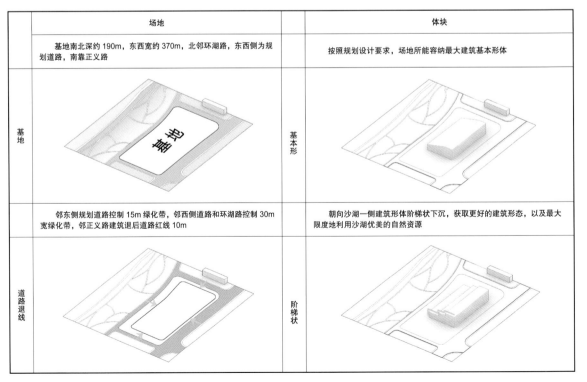

	场地		体块
基地	基地南北深约 190m，东西宽约 370m，北邻环湖路，东西侧为规划道路，南靠正义路	基本形	按照规划设计要求，场地所能容纳最大建筑基本形体
道路退线	邻东侧规划道路控制 15m 绿化带，邻西侧道路和环湖路控制 30m 宽绿化带，邻正义路建筑退后道路红线 10m	阶梯状	朝向沙湖一侧建筑形体阶梯状下沉，获取更好的建筑形态，以及最大限度地利用沙湖优美的自然资源

	场地	体块
	按照武汉市三边规定，建筑邻湖时，邻湖建筑的总长度不得超过基地总长度的 50%	由沙湖水面形成的曲面，体块由大小不一的曲面体块叠落而成，形体顺畅白然
邻湖面长度限制		形成曲面
	规划设计要求，建筑高度邻沙湖一侧 20m 以下，邻正义路一侧 40m 以下	由曲面形体穿插组合，丰富变化，整体构思如鹤舞，如水如去；场地地景配合建筑舒缓展开
建筑高度限制		形体穿插 + 地景规划

129

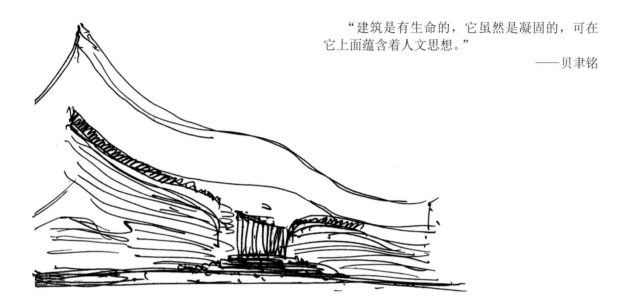

"建筑是有生命的，它虽然是凝固的，可在它上面蕴含着人文思想。"

——贝聿铭

点；如何将蛇山南麓老馆的人文气息融入沙湖之滨的自然风景，如何在新的环境中隐含老馆的历史沧桑，如何使绿色技术与使用功能和建筑美学完美结合，均是建筑师在创作时思考的重要课题。在图书馆的创作中应注重功能性和前瞻性，在传统文化与现代技术相融合的基础上，传承场所精神，强调当代建筑品质，功能上体现开放的现代图书馆的开放与包容，形象上表现省级图书馆的大气与灵动。

立意

图书馆作为一种特殊类型的文化建筑，是传播中国及世界各种优秀文化和知识的重要场所，它的形象不可避免地要回应"地域性""文化性"等问题，尽管"形式化""符号化""图像化"的语言是一种大众化的表征手段，但图签式的形式终归不能深层次地解答"地域文化"的问题，最终解决问题的途径还是离不开传统文化层面的思考。

如何体现传统的中国文化，如何创作出具有时代感的建筑作品，是建筑造型设计的首要问题。希望以单纯的建筑形式来抽象表达传统的写意与灵动，不拘泥于用简单的符号来表达，而是从精神和哲学层面来表达。

为了达到这个目标，从荆楚传统文化、地域特征中寻找创作灵感是一条必经之路。荆楚文化"崇尚自然、浪漫奔放、兼容并蓄、超时拓新"的文化特征，荆楚艺术"庄重与浪漫、恢宏与灵动、绚丽与沉静、自然与精美"的人文精神，都给湖北省图书馆的创作提供了丰富的营养。

方案构思立意的过程是地域文化的提炼过程，也是对代表楚文化意向的造型元素不断探寻、比较、选择的过程，这种意在笔先的设计手法好处在于目标明确，条理清晰，难点则在于不易找到切入点。

构思从新馆北面的沙湖水联想到行云流水的流畅，再引申到白云黄鹤的飘逸，并结合百年老馆"楚天智海"的人文底蕴，三者结合起来，相得益彰，共同构成了"楚天鹤舞，智海翔云"的主题立意。其中既包含了荆楚地域的特色，又蕴藏着百年老馆的文化基因。

找形

构思立意已明确，但找形的过程并不一帆风顺，在几轮草图中均未找到合适的方法去破题，真所谓知破题处还未得破题法。设计不得不改变思路，机缘巧合之中，偶然看到了宋代画家马远的一组《水图》，大受启发，惊叹古人将流动的

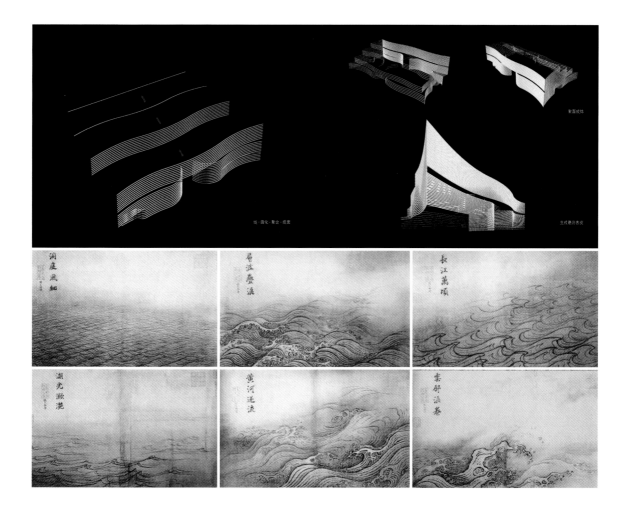

水面抽象分解成了一组组灵动的线条，顿时茅塞顿开、灵感突现，决定采用水平线条来找形。三维建模时采用水平横向曲线线条密排后，取得了出乎意料的视觉效果，有如鹤翼展开一样具有气势、非常贴合整体构思，一下找到破题之法，困扰多时的难题也迎刃而解。

与常规的由外而内的建模方式不同，湖北省图书馆采用由内至外的方式。室内中庭以水平曲线组成，通过遮阳和栏杆扶手的均匀排列，形成如鹤如凤、似云似水的空间效果，这种似是而非的抽象、点到为止的契合非常符合最初的构想，也充满了现代的气息，找到了切入点，接下来的设计过程就势如破竹了。

从室内再转向室外，采用统一的手法加以变换，通过外立面曲线的水平排列、律动组合比拟行云流水的顺畅自然。从湖面开始的退台处理呼应了沙湖的自然景观，建筑东西两翼的灵动舒展暗喻楚天鹤舞，形象抽象而飘逸。

建筑采用对称格局。中部曲线平滑内凹，顶部曲线向外突出，形成中央主入口，仿佛吸引读者进入图书馆去探索知识的奥秘，有意压低的建筑入口和进入建筑后中庭的豁然开朗，形成欲扬先抑的心理过程，加强空间的感染力。建筑入口顶部现代抽象、简洁古朴的天花纹饰体现百年老馆厚重的过去、开放的现在和升腾的未来。

生成

　　湖北省图书馆新馆建筑的生成从一根单纯得不能再单纯的水平线条出发，直线弯成曲线，曲线均匀排列形成曲面，不同的曲面凹凸进退构成体块之间的穿插组合，最终形成了建筑的整体造型。完成了从追求形似到神似的演变，建筑不再拘泥于白云黄鹤的具体象征，也不刻意表现行云流水的意向表达，而是追求似与不似之间的神似。从形体的完整、表皮的抽象、意境的深远等方面凸显了现代大型公共建筑的设计趋势。这种从一而始，推衍变化的理念，符合道生一，一生二，二生三，三生万物的思想。在形体生成的过程中将地域文化、荆楚特征、馆史文脉、馆藏特征等都统一在完整的曲面造型之中。

　　建筑形态通过水平密线排列寻求中国传统建筑的关联性，水平线条所构成的体系不仅扮演着造型的角色，还参与到诸如空间、功能和装饰层面中，犹如中国传统建筑中的斗栱将结构美、形式美、装饰美有机地融为一体。水平排列的规则

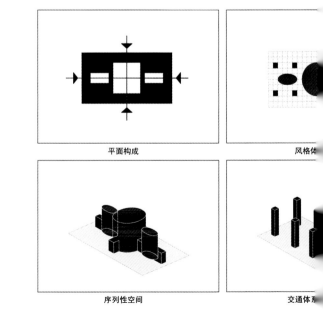

平面构成　　　　　　风格体

序列性空间　　　　　交通体系

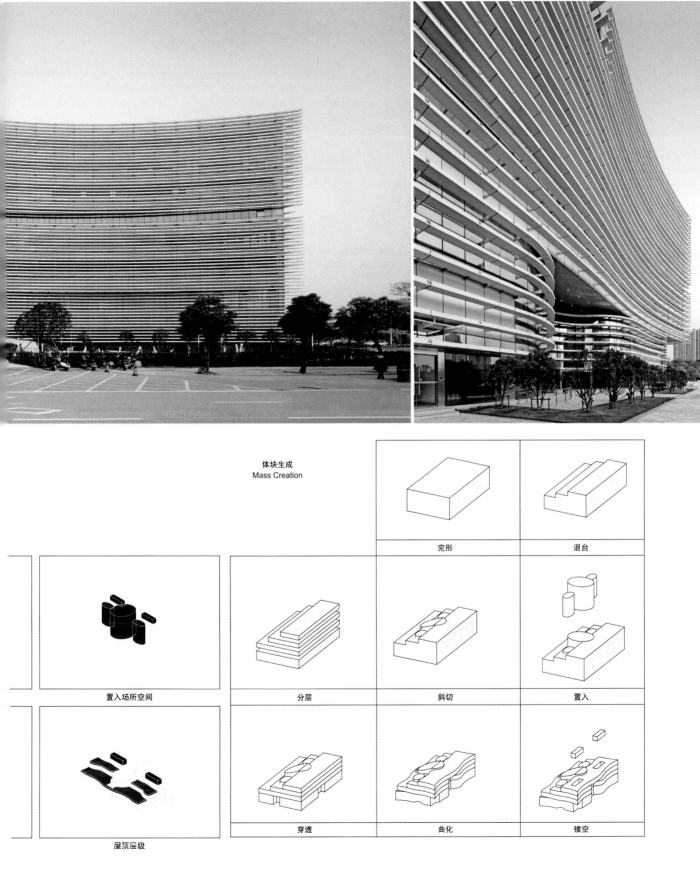

体块生成
Mass Creation

完形

退台

置入场所空间

分层

斜切

置入

穿透

曲化

镂空

屋顶层级

135

曲线分布在建筑的四个立面中，分别与隔绝噪声、观景视线、通风遮阳的需求相结合。设计对立面水平线条进行理性的梳理，形成南侧最密、东西减半、北侧再减半的疏密变化，这样的处理有利于隔绝南面主干道上的噪声干扰；东西两侧的遮阳；最大限度获得北面湖面风景。立面转角处线条断开虚接，围绕带形窗错动产生变化，不同立面产生的变化使建筑形体更加活泼灵动，同时也将遮阳漫射、开窗换气、临窗远眺、马道维护、泛光照明等功能需求整合在外立面幕墙设计专项之中。

最终湖北省图书馆新馆的建筑形体通过线条的生成，成为一个对环境做出积极反应的有机体，建筑仿佛源于自然的环境而生成。

功能

湖北省图书馆新馆建筑总规模10万m²，建筑共8层，设阅览座席6300个，藏书能力达到1000万册，日读者接待能力1万人次。

湖北省图书馆新馆楼层功能布局上充分考虑研究型图书馆和公共图书馆公益性服务形式的发展要求，除了提供文献信息资源、公益性文化活动场所的主要业务外，也为包括残疾人、老人、少年儿童等特殊人群在内的全体公民提供图书馆服务，同时依托计算机和网络技术开展数字资源服务，实现资源共享。

新馆设计中共设置藏书区、借阅区、咨询服务区、公共活动与辅助服务区、业务区、行政办公区、技术设备区、后勤保障区共计八大功能分区。根据各种功能的不同需求，将阅览人流量大的开架阅览区域（中文、西文、保存本）布置于二至四层，将阅览人流通量小的开架阅览区域（地方文献、书画、古籍、专科等）布置于五、六层，将与图书馆阅览功能相对独立的会议、报告、展览、儿童阅览、盲文阅览等功能安排于地面一层，将书籍流通、书库功能安排在地下层，形成低藏高阅的整体格局。专家接待研究和行政办公功能较为独立，设在七、八层。各个功能相对独立，又互有联系。

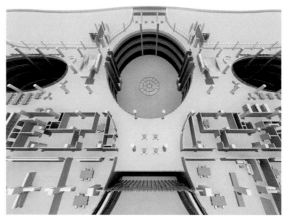

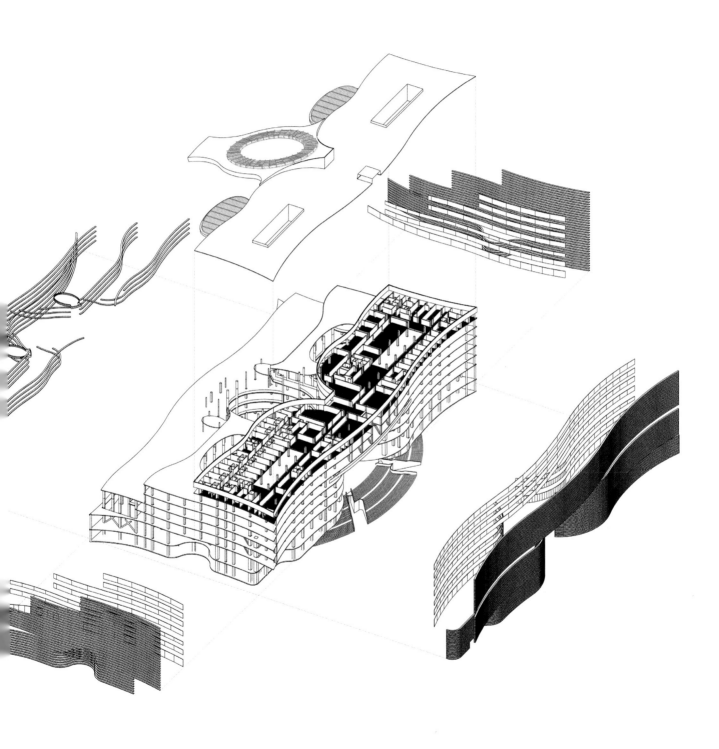

平面柱网外曲内方，既满足图书馆使用功能，又能与造型完美结合。相对方正的内部空间也满足了布局灵活化的功能需求。均匀分布的八个核心筒，将省图书馆平面分格成了八个单元，便于布置不同的阅览区域，也为将来的改造发展留有弹性，单元之间相互连通，又可适当分隔，这种兼顾集中与分散的布置方式旨在追求一种图书馆平面的新模式：集中式的流线便捷、分散式的环境优雅，被同时融合在一个平面中，从而确保阅览室空间的灵活使用。

内部功能设计打破藏借分离的传统，实现藏借阅一体化。在公共阅览区全部书架与阅览布置在一个空间中，方便读者使用；除了普通的公共阅览区外，专家、少儿、盲人、残障人士等各种特殊阅览人群在馆内专门设有单独的阅览室。阅览室内家具布置紧密结合空间关系及使用的要求，在建筑中部布置了书架，靠近建筑外围和中庭四周采光较好的区域灵活地布置了阅览座位，因地制宜，各得其所。阅览方式多元化也是新馆的一大特色，设有数字化阅览区，提供200多台电脑供读者上网和电子阅览。馆内配备功能完善，阅读、展览、培训、讲座、电子视听视频等现代化设施一应俱全。新馆还设有方便读者的配套设施，如餐厅、咖啡厅、儿童游乐区等，体现了人性化的关怀。

建筑整体呈阶梯状，由北向南依次为2、4、6、8层，沿湖跌落，形成不同标高的退台观湖室外平台，使建筑室内空间向室外延伸。平台种植月季、杜鹃等植物，打造一年四季花开不断的屋顶花园，为读者提供舒适的室外阅读思考空间。同时平台也让建筑周边的自然环境融入室内，达到"城市看我，我看城市"的交融意境。

空间

《老子》中"凿户牖以为室，当其无，有室之用"的论述表明了建筑的意义不是屋顶和墙体，而是围合于其中的空间。道家"无"的哲学启发了现代建筑设计的主题首先是建筑的空间，然后再推演为建筑的形式。阅览空间是图书馆建筑的灵魂，是表达以人为本理念的重要元素。世界各地图书馆除了千姿百态的外观外，内部空间也各有特色，营造了各自不同的文化气息、地方特色和时代精神。

在省图书馆的内部空间中首先要考虑的问题是给读者提供一个吸引人的，渗透着中国文化的阅览空间，它不应是粗暴强加的，也不是简单复制的，而是在特殊的文化土壤中滋养出来的，并具有时代烙印的改良空间，好像将传统文化的种子移植到当代建筑中，生根发芽后显示出活力与生机。这个具有生机的种子就是中庭空间。中庭的空间逻辑源于传统天井和庭院空间新的注解，它给建筑内部带来的是：阳光、空气、景观。这些都是图书馆追求的新空间模式。

贝聿铭说过："光与空间的结合使得空间变化多端。"湖北省图书馆室内空间的塑造中流露出对明净、空旷的追求和迷恋。造型上室内中庭延续了建筑室外线条元素，以均匀水平曲线组成，通过遮阳和栏杆扶手的均匀排列，形成如鹤如凤、似云似水的空间效果，有如鹤翼展开的气势，又有"虎座鸟架鼓"的特色。

湖北省图书馆在建筑中部比较合适的位置设计了一大两小三个中庭，三个中庭横向均匀分布，有利于组织室内气流，提供均匀光线，中庭的动静分区营造出不同的空间效果。大中庭位于建筑的中部，将建筑分为东西两翼，既相对独立又紧密联系。大中庭南北贯通，静中有动。是图书馆举办重大仪式和组织上下交通的重要场所，电梯，扶梯，回廊，服务台环布四周。顶部四层遮阳的加密处理比拟书海的浩瀚，天光透过圆形屋顶的缝隙洒下，既契合了老馆匾额上"东壁灵光"的文化典故，又使整个空间更加静谧，令人神往。

为了解决大进深建筑不利于采光通风的问题，除大中庭外，两侧横向均匀分布两个小中庭，有利于建筑内部引入更多自然光线，组织室内气流。中庭顶部经电动遮阳过滤后的柔和光线，形成均匀的漫反射，像空气一样充满图书馆的每个角落，照亮了室内阅览空间。围绕中庭设置一圈座席，营造安静私密的阅读环境。座席和书架的布置使得阅览区自然形成动静两个分区，营造出不同的空间效果。

读者进入图书馆的空间序列被有意设计成阅览建筑的过程，在此延续了传统空间的叙述性，使"游走建筑""阅读建筑"成为可能。一系列大小各异、形状不同的空间连续呈现于读者面前，犹如传统建筑中的空间序列，其中大中庭是整个空间序列的高潮，象征着知识的殿堂，体现现代开放的图书馆显示的文化品质。

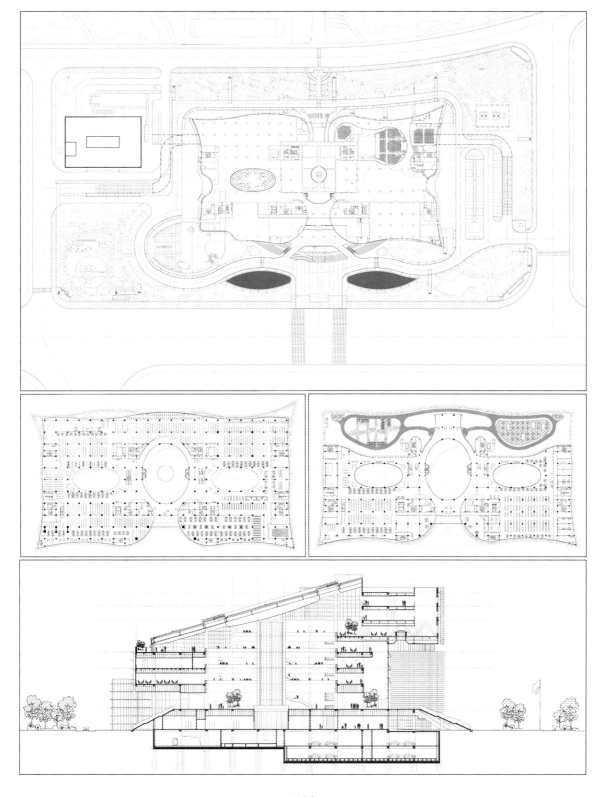

相对规整的建筑形体内，镶嵌着三个大小组合的报告厅，一条圆滑的曲线将其串联在一起有如洒落在玉盘上的珍珠，形成一个生动有趣的休闲活动场所。

除了营造建筑的内部空间外，在建筑外部西南角，设置下沉式露天剧院。以嵌入式的空间的营造达到与城市亲和的目的，设计希望通过建筑内外的一系列富有特色空间设计使湖北省图书馆成为一个读者喜爱的，具有静谧气质的"人文图书馆"。

细部

对细部的处理和把控在建筑设计中显得尤为重要。好的细部设计对提升建筑品质、完善空间功能、降低建造成本等都起到很大作用。

湖北省图书馆新馆整体风格采用现代简洁的手法，设计仍希望在这栋建筑上能留下一点省图百年老馆的文脉与基因，主入口外部上空的顶棚成为反映文脉的最好之处。第一其不影响整体立面的风格，第二此处为每个读者入口必经之处，抬头一

瞥，便能发现建筑师的良苦用心。对于纹饰的选取及形式，还是秉承简洁的设计理念，采用像素化的手法，将传统的纹饰经过现代抽象的处理，变成一种符合现代审美情趣的，同时反映传统文化烙印的抽象元素。几易其稿后，最终采用来源于楚文化的饕餮纹饰，经过有序排列，形成以8.1m×5.4m为一个基本单元，凹凸变化的图案。体现百年老馆厚重的过去，开放的现在和发展的未来。

湖北省图书馆南侧主入口上方为大悬挑结构转换部位，此区域结构斜向支撑杆件较多，通常会成为消极的空间，如何使消极空间变成能吸引人驻足停留的积极空间呢？设计精心布置了一处可以俯视入口的天窗，天窗下方吊顶沿底部切角放大，扩大了视野范围。读者位于此处可以从顶视视点看到图书馆入口川流不息的人群，给读者提供了一个独特的视角与一种有趣的场景体验。在其南侧设置了一处3层通高的玻璃顶中庭，使阳光能像瀑布一样洒下，如教堂般神圣的光影吸引读者前去。通过这两处细节的处理手法，使原本枯燥无味的空间变得生动有趣起来。

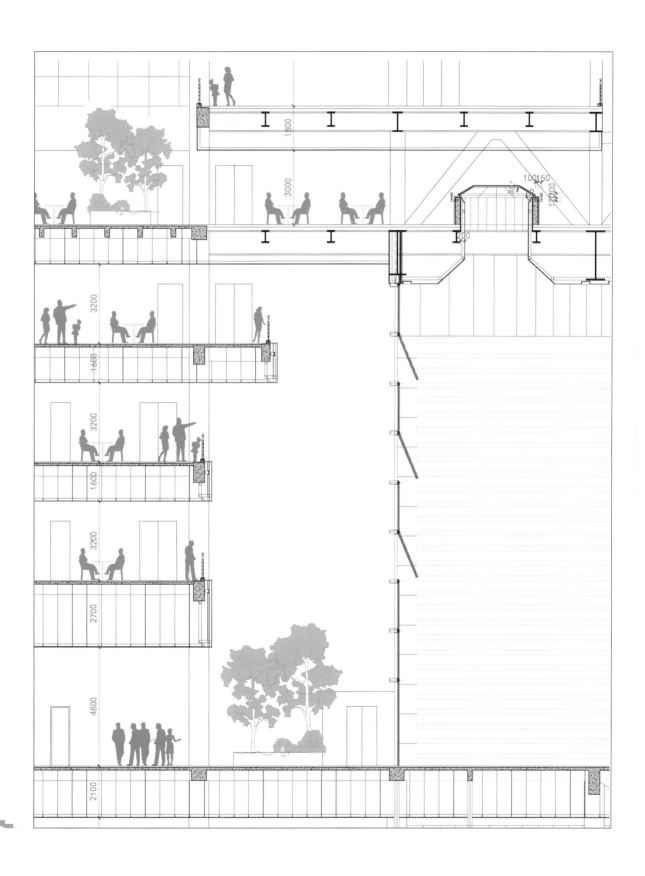

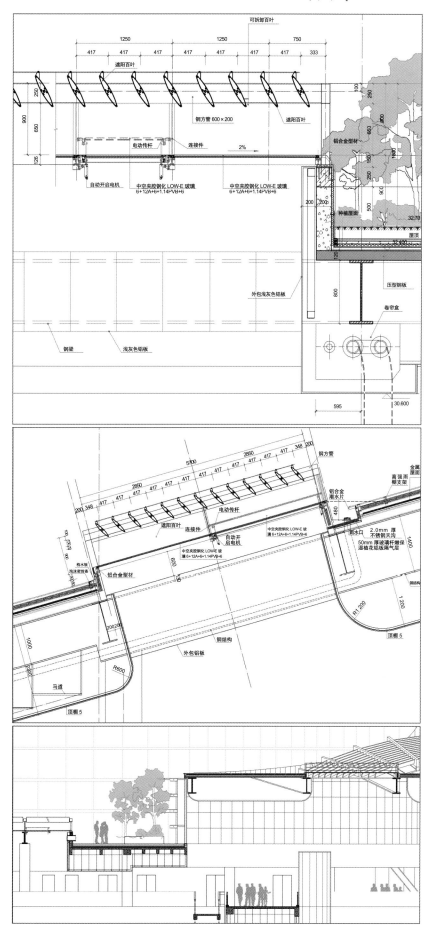

147

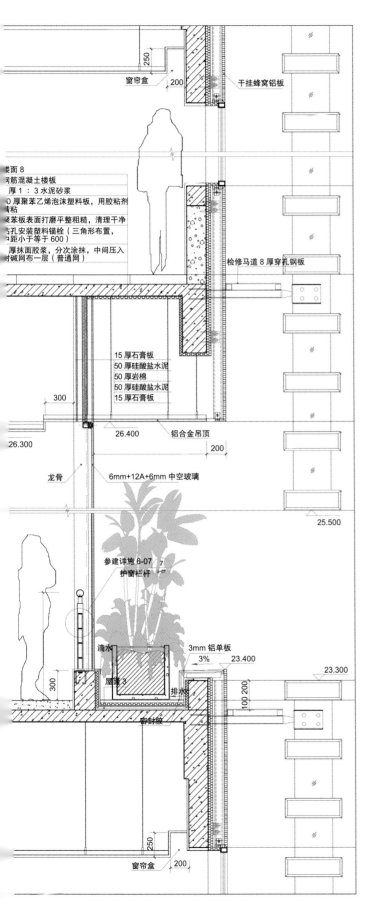

250

窗帘盒 200

干挂蜂窝铝板

装面 8
钢筋混凝土楼板
厚 1：3 水泥砂浆
厚聚苯乙烯泡沫塑料板，用胶粘剂满粘
苯板表面打磨平整粗糙，清理干净
孔安装塑料锚栓（三角形布置，距小于等于 600）
厚抹面胶浆，分次涂抹，中间压入
碱网布一层（普通网）

检修马道 8 厚穿孔钢板

15 厚石膏板
50 厚硅酸盐水泥
50 厚岩棉
50 厚硅酸盐水泥
15 厚石膏板

300

26.300

26.400　铝合金吊顶

200

龙骨

6mm+12A+6mm 中空玻璃

25.500

参建详施 6-07
护窗栏杆　7

滴水

3mm 铝单板

3%　23.400

300

屋面 3　排水

100　200

23.300

嵌挤胶

250

窗帘盒 200

外遮阳是效率最高的减少太阳辐射的遮阳方式，对新馆的立面效果、方向方位及室内视线等因素进行综合考量之后，优化了建筑外立面遮阳百叶，南侧采用间距 0.6m 的固定百叶，东西侧采用间距 1.2m 的活动遮阳百叶，到了北侧则简化成间距 2.4m 的装饰百叶。这样既达到节能目的，又与建筑形式吻合，并提高了建筑立面质感与空间层次感。

南侧百叶条间距为 600mm，一方面较密的百叶条可以阻止主干道上噪声传入室内，保持室内的安静；另一方面可以使太阳直射光转变为漫射光进入室内，改善室内的阅读环境。为了避免百叶条对人视线的遮挡，对人们站式和坐式两种高度进行了视线分析，保证了人们视线不被遮挡。

建筑外部水平线条是主要的造型语言，数量较大，如果全部采用曲线，建造成本将大幅增加。设计对线条做了研究，发现半径大于 30m 的曲线可采用直线段代替，半径小于 30m 大于 10m 的采用弧形线条，半径小于 10m 采用定制成型的曲线。通过采用近似拟合、直曲结合的方式，不仅获得了与全部采用曲线相同的立面效果，还大大降低了建造成本。

149

绿色

中国古人与自然体合无违、和睦并存的思想是中国传统文化基本精神的重要组成，并物化和体现在传统建筑与城市的建设上。传统建筑理念上的天人合一，建筑形态上的宜人宜居，文化意蕴上的和谐灵动，彰显了独特的风采，这些生态型、环保型、开放型的建筑思想对现代建筑建构具有许多启示意义。

传统的建筑经验不仅表现为具体的生态措施，还包括了抽象的哲学思维与优秀的生态设计理念，传统的生态理念包含：尊重环境，就地取材，节约资源，抗震减灾，如"天人合一""负阴抱阳""以人为本""讲究秩序""崇尚节约"，以及"整体性""应变性""适中性""情景交融"等生态设计思维。

自然采光、自然通风、背山面水、巧借景观、就地取材、被动式节能，这些中国古代的绿色智慧启迪我们，绿色建筑不应与城市规划、建筑体形、造型方式、平面布局相割裂，它是一种综合统一的绿色思想。

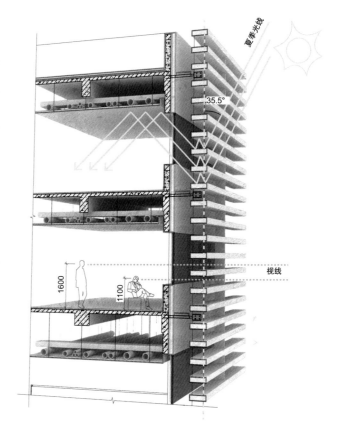

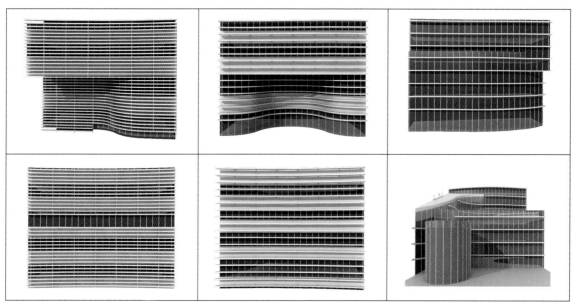

新馆工程在设计之初，遵从传统节能设计的理念和原则。以大力发展可再生能源，建成一座低能耗生态示范建筑为目标，建筑设计上除了采用建筑被动式节能、外围护结构、自然通风、地源热泵、太阳能利用、余热回收、给水排水系统、空调系统、电气系统等方面的节能策略外，还利用计算机专业模拟计算软件DeST、Star-CD、Ecotect等对建筑进行建模计算，进行定量的分析研究，定性与定量结合起来并提出相应的调整措施（包括建筑造型、平面、构造等），为建筑绿色设计提供准确数据，将优秀的传统建筑节能理念与现代科学技术结合起来，以期达到完美的节能效果。

第一步对建筑室外的热环境及风环境进行模拟。建立了三维模型，计算模型的范围达到790m×1135m×160m（长×宽×高），流体计算格子数量达到41万格子。采用辐射/传导/对流耦合解析的方法进行室外热环境的模拟计算。首先进行太阳辐射的模拟计算，然后将辐射计算得到的建筑及地面的表面温度作为边界条件，进行CFD模拟计算，从而得到研究对象区域内的风向、风速，以及空气温度的空间分布。经计算分析场地内自然通风比较通畅，建筑周边总体热环境不存在问题。根据建筑西南侧下沉广场的风速及气温的垂直分布判断，广场内通风状况良好，未见气温升高的趋势，可不用进行特殊处理。

第二步对室内大空间中庭的自然通风进行模拟。自然通风可以在不消耗不可再生能源的情况下降低室内温度、带走潮湿气体达到人体的热舒适，有利于减少能耗、降低污染，符合可持续发展的思想。并且可以提供新鲜、清洁的自然空气，有利于人的生理和心理健康。

湖北省图书馆周边较为开敞，可利用风压进行通风。建筑主要考虑在夏季及过渡期主导风向下的室内大空间组织通风，南高北低的建筑形态有利于在室内大空间形成"拔风"效果。

设计采用数值流体力学软件Star-CD进行阅览室大空间的自然通风模拟。数值流体模拟软件Star-CD是一个由英、美、德、法等多个国家的学者合作开发的数值流体力学模拟软件。在建筑领域中，Star-CD被广泛应用于室内外的热环境、风环境，以及空气环境的数值模拟，对建筑室内外环境进行预测与评价。

数值流体模拟主要针对建筑内部的风环境状况进行模拟计算，在此基础上对建筑的夏季及过渡期室内风环境进行预测与评价。

模拟中选择武汉市夏季主导风向的1个风向（南偏西），以及过渡期主导风向的1个风向（北偏东），共计2个工况进行模拟计算。

研究经历了模拟计算——设计调整——调整后计算——设计最终调整——最终模拟计算等一系列过程，为建筑设计提供了相应的技术支持。

从各层平面的风向及风速的水平分布来看，在图书馆阅览室的大空间中的相当部分楼层与空间，特别是中庭部分空间的通风状况较好。这主要是由于建筑在沿夏季主导风向，即南侧及北侧墙面上开窗，以及中庭上部顶棚部位开窗，通过组织"穿堂风"及顶部天窗的"拔风效果"，可以较好地组织建筑室内的自然通风。同时，也可以发现在室内通风较好的区域，气温也相对较低。这是因为通过良好的通风可将人体，以及照明灯具排出的热量有效地散发出去，而避免了热量在相应区域聚集。

第三步对大中庭天窗的布置及开启方式进行模拟。对于阅览室中央大中庭的斜坡面天窗，通过改变天窗的开口方向与开口方式来调节气流，将部分风引入室内，或者通过加强风的剥离现象，加大天窗开口处室内外的风压差，从而加强天窗开口处的拔风效果，进而改善建筑室内的自然通风效果。为了探讨大中庭天窗的布置以及开启方式对于建筑内部自然通风的影响，运用多方案比较的方法进行了研究，并为修改完善大中庭天窗设计提供了参考依据。

经过计算，顶部天窗不用全部可开启即可保证相同的通风量，经过优化后，即保证建筑通风效果又降低了造价。在中庭屋顶增加了电动开启窗，外加电动可拆卸式外遮阳百叶，改善了中庭的通风采光，遮阳百叶根据室外气候、光线变化智能调节，有利于增加中庭室内漫射光，保障均匀采光。

第四步对室内标准阅览室的光环境进行模拟。设计采用室内采光模拟软件Desktop Radiance，它可以直接利用Ecotect导出的模型，对任何形状的三维空间中的采光与照明系统进行分析，在给出计算数据结果的同时，还能够提供分辨率很高的可视化图形结果，便于设计师直接

计算案例

案例	风向	风速	室外气温	备注
案例 1	SSW	2.2m/s(12m 高度)	27℃	夏季主导风向
案例 2	NNE	2.2m/s(12m 高度)	27℃	过渡期主导风向

室内风环境模拟			
一层平面 风环境模拟	三层平面 风环境模拟	大中庭剖面 风环境模拟	小中庭剖面 风环境模拟

案例	风向	讨论内容
案例 2-0	SSW	初步设计平面调整、本阶段模拟基本案例
案例 2-1	SSW	将大中庭天窗集中于上、下部
案例 2-2	SSW	将大中庭天窗集中于上部
案例 2-3	SSW	将大中庭天窗集中于下部
案例 2-4	NNE SSW	大中庭天窗开启方向
案例 2-5	NNE SSW	大中庭天窗开启方向
案例 2-6	SSW	将大中庭天窗集中于上、下部，天窗改为平推窗
案例 2-7	SSW	将大中庭天窗错开布置，天窗改为平推窗

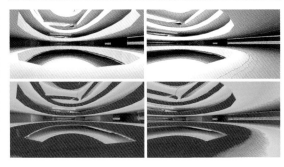

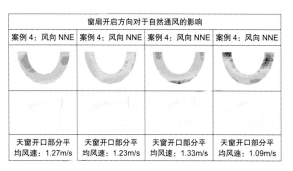

窗扇开启方向对于自然通风的影响			
案例 4：风向 NNE	案例 4：风向 NNE	案例 4：风向 NNE	案例 4：风向 NNE
天窗开口部分平 均风速：1.27m/s	天窗开口部分平 均风速：1.23m/s	天窗开口部分平 均风速：1.33m/s	天窗开口部分平 均风速：1.09m/s

天窗开口位置与风速测算			
案例 2-0	案例 2-1	案例 2-2	案例 2-3
天窗开口部分平 均风速：1.27m/s	天窗开口部分平 均风速：1.23m/s	天窗开口部分平 均风速：1.33m/s	天窗开口部分平 均风速：1.09m/s

室内热环境模拟			
案例 2-0 热环境模拟	案例 2-1 热环境模拟	案例 2-2 热环境模拟	案例 2-3 热环境模拟

室内热环境模拟			
案例 2-0 热环境模拟	案例 2-1 热环境模拟	案例 2-2 热环境模拟	案例 2-3 热环境模拟

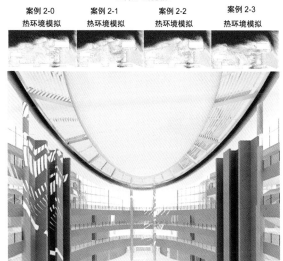

得到直观效果并重新完善设计方案。

通过光环境模拟，设计针对室内家具布置做了合理安排，尽量直接利用自然光，将阅览桌布置在自然采光好的区域，可有效降低建筑照明能耗。

结构

"结构是非常重要的，即使它是看不见的结构类型，是造成一些人们能感觉到的体验，也是空间之间的关系，空间就在身边，你不能看见，但你能感觉到。"

——妹岛和世

湖北省图书馆新馆新颖别致的建筑造型，丰富多变的内部空间，给结构设计提出了许多难题。设计要考虑的问题是实现建筑外形的同时，保证结构体系不影响建筑内部的使用功能。图书馆属于体量庞大、结构复杂的高层建筑。主体结构形式以钢筋混凝土框架结构为主，局部采用钢结构和钢骨混凝土结构的混合框架结构。基本柱网尺寸为8.1m×8.1m。为争取较大的建筑净高，框架梁采用宽扁梁截面形式，框架梁高为600mm×600mm。

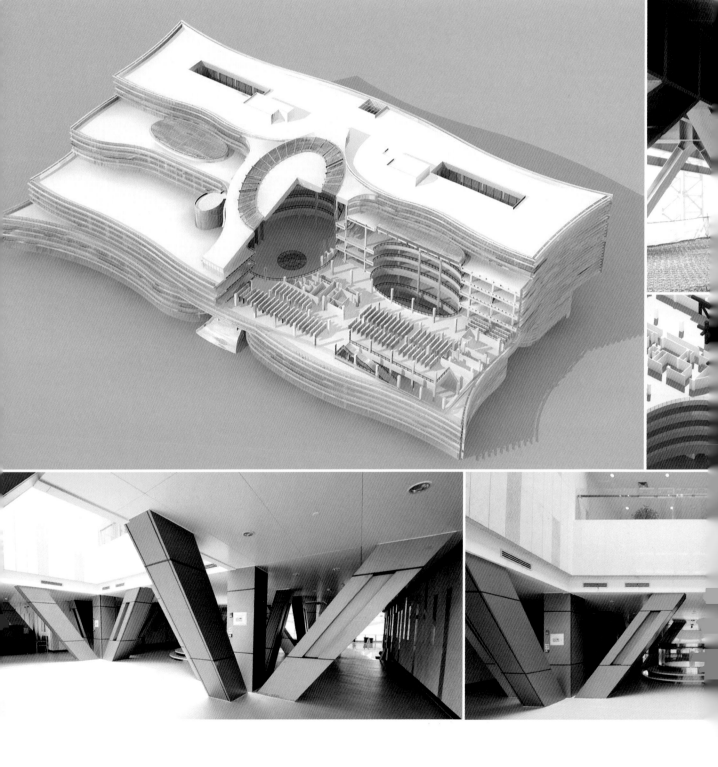

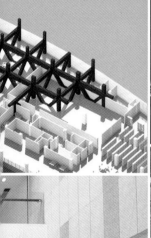

结构主要特点有：结构转换多，由于不同性质的功能分区对使用的要求，形成多处底部大空间大柱网，上部小柱网的情况，需要许多结构转换。结构跨度大，600人报告厅最大跨度约为32.4m。大中庭最大跨度约为40.5m。东、西中庭屋盖跨度约为16m。节点类型多，针对不同的结构形式，采用多样化节点形式。

大中庭钢结构屋盖呈斜平面椭圆状，南高北低状布置。椭圆长轴长度40.5m，短轴长度32.40m，主钢梁以8个钢筋混凝土柱为支座呈发散形布置，柱顶布置一道椭圆形外环梁，跨内布置一道圆形内环梁将主钢梁连成整体。

南立面凹入式主入口上部结构转换形式经多方案比选，设计采用自重较轻的钢结构空间转换桁架承托上部六至八层结构荷载。主桁架沿水平方向布置共2道，桁架高度同六层层高，桁架采用实腹式H型钢，将主桁架两端各自向两端延伸一跨，形成3跨连续桁架，倒V字形桁架，使该区域的空间更为理想，方便读者活动，结构受力也更合理。

湖北省图书馆新馆工程设计中运用多种结构形式，将混凝土结构、钢结构、钢骨混凝土结构融合在整个结构体系中，取得了很好的效果。通过对湖北省图书馆新馆的设计获得经验：确定合理结构形式，完备计算分析方法，采取合理的构造措施是保证结构设计正确、合理的关键。

湖北省图书馆新馆是一座设计新颖、布局合理、节能环保、特色鲜明的现代化图书馆，成为一个融传播知识、启迪智慧、信息交流等功能于一体的文化超市，成为一所"终身学习的学校"。

神农架机场航站楼
Shennongjia Airport Terminal

设计时间：2008.01—2012.12
竣工时间：2013.09
项目区位：湖北省神农架林区红坪镇大草坪
建筑面积：3750m²
结构形式：钢框架结构
合作建筑师：兰青　范旭东　郭雷　刘莹　徐玮

Design Period: 01. 2008—12. 2012
Completion Time: 09. 2013
Project Location: Dacaoping, Hongping Town, Shennongjia Forestry District, Hubei Province.
Floor Area: 3750m²
Structure Type: Steel-frame Structure.
Co Architect: Lan Qing　Fan Xudong　Guo Lei　Liu Ying　Xu Wei

Shennongjia Airport Terminal

师法自然　架木为屋

——神农架机场航站楼

Learn from Nature and Build Wooden Houses

—Shennongjia Airport Terminal

　　神农架林区位于湖北省西部边陲，雄踞秦巴山脉东端，与武陵山共扼长江三峡，形成了以华中屋脊为中心，集自然奇观、科考探秘、天人和谐于一体的原始生态旅游区。总面积3253km²，其中林地占85%以上，是我国唯一以"林区"命名的行政区。神农架是联合国教科文组织"人与生物圈"保护区网络重要成员，是世界银行资助的"亚洲生物多样性生态景观示范基地"，地处武当山、长江三峡组成的旅游带上。现有神农顶、天燕、红坪三个国家4A级风景区。以旅游业为龙头的第三产业增加值已占林区GDP的50%以上，旅游业对林区财政贡献率接近1/3，已由培育期进入快速发展期。神农架机场的建设就在这

个背景下应运而生了。

　　神农架民用机场是继武汉天河机场、宜昌三峡机场、恩施许家坪机场、襄阳刘集机场之后湖北省第5个民用机场，选址于林区中西部红坪镇大草坪，东与林区政治、经济、文化中心——松柏镇相连，西与房县九道乡毗邻，南与木鱼镇接壤，北与房县上龛乡交界。

　　神农架机场定性为国内支线机场，定位为国内小型机场，是旅游和通用航空相结合的民用4C级机场。机场航站楼总建筑面积约3750余平方米，预计高峰小时旅客运量153人次，设远机位3个。预计到2020年，年旅客吞吐量为25.9万人。

设计思想——前瞻超前

设计主导思想为：营造舒适的旅客服务环境，倡导生态的建设模式，展现神农架林区特殊的地域特色，塑造林区适宜的机场形象，合理规划航站楼运营方式，实现社会效益与经济效益的高度统一。

神农架林区内林海茫茫，物华地灵，美不胜收，以原始的自然景观闻名于世，建筑师有责任尽可能降低对生态自然环境的破坏。在建筑与周边自然环境的关系方面。航站楼设计充分分析规划中既有的环境的基础上，积极寻求与周边建筑物以及自然景观的"对话"。造型设计在体现现代机场航站楼基本功能的同时，着力寻觅建筑的地域特征，渴望打造能够代表神农架地区特殊人文、自然特色的建筑作品，实现生态理念的延续性。

航空工业在管理和技术上的不断革命，航站楼必然面对频繁的改造、扩建以及设备的更新换代，体现建设的可持续发展性。一方面，设计中充分运用被动式节能技术，最大限度地利用自然通风、自然采光，注重建筑节能，降低航站楼运营成本；另一方面，注重考虑后期发展改、扩建的可能性，平面柱网规整统一，合理布置平面，方便今后的改造与扩建。

按照以往机场设计经验，小型机场收入的主要来源是特权、租借协议、出租商业面积、收取停车费等方面。为此，充分挖掘航站楼的商业潜力，体现交通商业的复合性。提供更多可改造布置商业空间的可能性。最大限度增加航站楼非航空业务盈利。提供一个复合、灵活、弹性的建筑。空间设计应着重考虑各种布局的多样性，便于灵活布置。

回顾之前的航站楼设计，当今的航站楼无论是功能还是流线都发生了很大的改变，其发展之快、变化之大，始料未及。因此，要考虑建筑设计的前瞻性。航站楼的设计应有发展的眼光，着眼于未来航站楼的设计理念，并做到适度超前与创新。

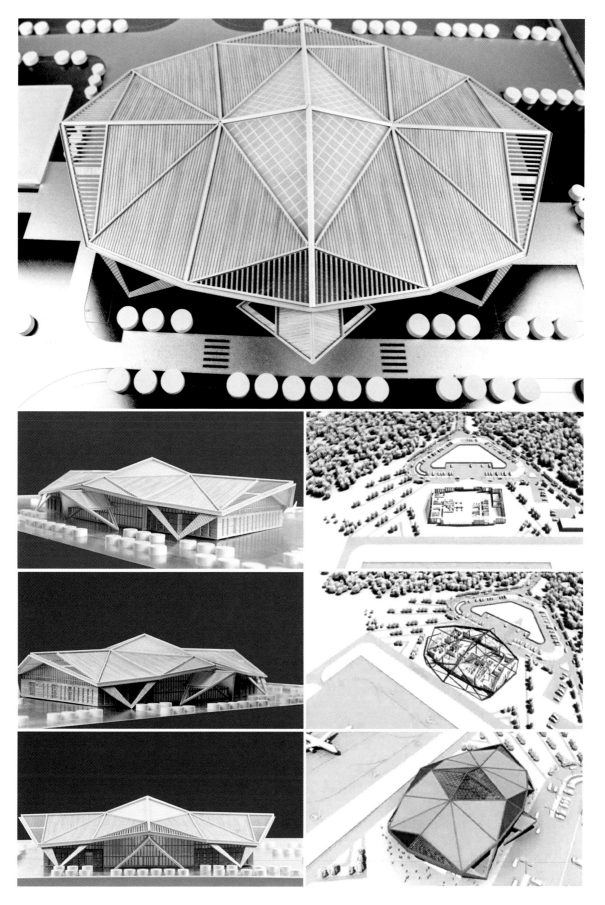

总体理念——师法自然

　　神农架机场虽然属于小型机场，但希望建筑能展现神农架的特色。设计面临的难题是到底什么样的航站楼设计才能体现神农架的特色与风貌。要想满意地解答这个问题，恐怕还得从机场所处的地域环境和文化脉络中去寻找答案。

　　一个设计得体、适宜，不浮夸，不张扬，造型反映当地元素，风格写意的支线航站楼，恐怕是最合适的选择。为了达到这一目标，师法自然，返璞归真是最好的策略。

　　设计将神农架机场着力打造成一座生态、轻松，能够反映地域特征，与自然环境融为一体的旅游机场航站楼。

建构方式——架木为屋

　　神农架林区有着"神农搭架尝百草"的美丽传说，相传神农氏在此"架木为梯，以助攀援""架木为屋，以避凶险"，最后"架木为坛，跨鹤升天"。

　　航站楼采用"架木为屋"的建构方式，同时从周边环境中寻找灵感，造型通过以三角折板的屋面组合来模拟群山之态，屋面的转折也能够呼应群山的连绵起伏，形成丰富的天际线。建筑对周边自然景观，也是一种协调和保护。"架木为屋"是当地独特神话传说，造型诠释这个神农架独一无二的非物质遗存，完成了从"意"到"形"的转换过程。

　　建筑造型设计采取"化整为零"的手法，高低起伏的屋面，破除了整体大屋面可能带来的单调，同时也充满"野趣"。建筑屋面由多种形状、不同标高的三角形屋面组成，为体现出原始森林中古朴木屋的风格，采用类似树枝状造型的钢柱形成钢框架支承整个建筑屋面。有效地减少屋面梁的跨度，达到建筑设计理念与结构受力特性的

完美统一。入口增加了一个尺度宜人的雨篷，更拉近了建筑与旅客的距离。屋面檐口局部镂空处理，以使建筑获得更多的光影感。浓缩了地区特点和人文特色的造型设计，迎合旅客喜爱轻松、愉快、新奇的心理需求。整体轻松愉快的建筑形象，也符合旅游机场的设计定位。

室内设计延续了建筑设计的理念与风格，与室外造型一脉相承，浑然一体，形成独具特色的高山生态旅游机场。原始、自然的旅游景观是神农架地区的重要特色，这一生态特色在机场航站楼室内得以全面延续。置身其中，旅客会感受到自然的趣味，看到清晰的屋顶建构方式。采用下部供暖和空调系统规避了吊挂在屋顶下的管道，使凌乱的线路及杂乱管道的问题都迎刃而解，反射式照明系统使屋顶实际上成了一个光洁明亮的反射屏。在整个航站楼的中心位置，设计菱形采光天窗贯穿前后内部空间，形成生态中庭。以保证白天室内自然采光照度足够，降低建筑采光能耗。中庭采用通透式设计，最大限度地保证建筑使用功能和生态环境的需要，成为从综合业务大厅到候机厅的过渡，空间趣味性、通透性强，全方面提升了服务环境和候机环境。中庭中运用自然生态的园林景观取代了工业化装饰，也是神农架林区丰富自然资源的真实写照。充满阳光的候机空间，有利于消除旅客候机、登机过程中的乏味与无趣。神农架机场航站楼的室内设计重新评价了建筑的自然性，体现一种精神层面上的感受。

设计吸取多个机场航站楼的设计经验，并结合自身的特殊性，同时考虑内部空间视觉以及使用上的舒适性，将主体建筑层高确定为12m左右（玻璃天窗最高点为16.5m）。同时，室内各功能用房的高度均为3.6m，既保证了各个功能区域相对隔离的要求，又保证了旅客视觉上的相对通透性，避免了室内空间压抑的视觉感受。

建筑注重自然通风与遮阳等被动式节能技术。陆侧和空侧均设计有大面积可开启玻璃幕墙。结合安检通道和到港通道，可以自然形成"穿堂风"，有利于室内空气对流，营造舒适宜人的室内环境。具有特色的屋面檐口出挑深远，起到了很好的遮阳效果。

建筑选材采取传统与现代相结合的方式。建

筑基底就近取自山中石材，与玻璃幕墙和铝板形成强烈对比，使建筑形象现代而又不失自然，有机地融入了青山绿水之间。

神农架机场航站楼的造型设计浓缩了地域特殊人文特色，迎合旅游者好奇的审美特点，成为林区又一道亮丽的风景。夜晚，当室内灯光亮起的时候，璀璨的灯带将成为红坪高地上的亮点，空中俯瞰，建筑在周边群山中熠熠生辉！

平面功能——分区合理

神农架机场航站楼面宽70m，进深42m，为一字形前列式构型。采用集中办票、集中安检、分散登机的策略。

由于航站楼进港、出港功能在同一层平面上完成，所以功能分区的划分以及布置方式直接关系到航站楼运作流线的合理性。航站楼设计将到港、出港功能区分别设在建筑物的左、右两侧，各自相对独立，有效避免了进出港交叉，进出港人流互不干扰。同时，行李区相对集中，便于管理。考虑到神农架地区经常有贵宾接待任务，设计特别将贵宾通道功能予以强化，单独设置贵宾区。

建筑平面在陆侧方向布置了中央大厅，包含了迎送客、办票、安检及商业服务等功能，大厅中央为办票区，留有3个办票柜台的位置，但一期仅建2个办票柜台（另设1个超大行李托运柜台）；大厅右侧为安检区，设2条安检通道（含1条工作人员通道），旅客通过安检后进入候机区。

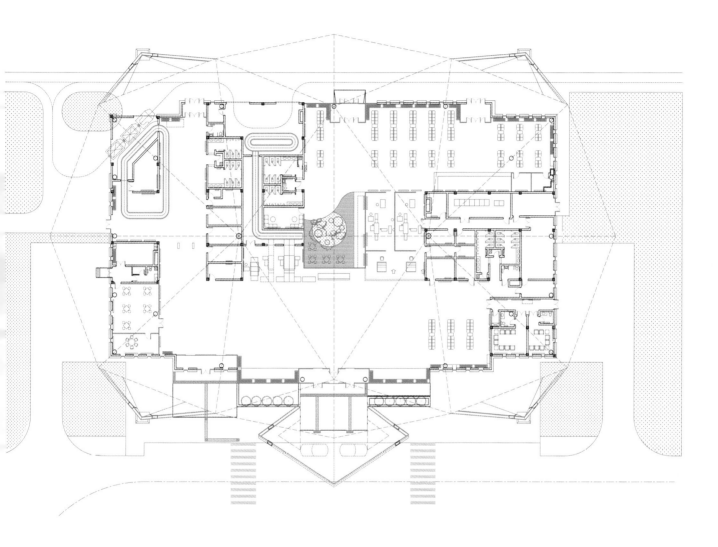

候机大厅内设有商业服务、头等舱候机室、母婴候机室、吸烟室、生态中庭等服务设施，并可根据需要灵活分隔。商业服务空间和旅客流线紧密结合，争取商业价值最大化。候机大厅座位在满足一架航班旅客要求的前提下，考虑航班延误的可能，设置座位数232个。

行李传送通道位于航站楼中部，紧邻办票区，靠站坪布置，设有1组行李传送带，方便进出港行李的处理；行李提取厅紧邻行李分拣区，厅内设行李提取转盘，可提高处理到达行李的能力。

贵宾厅位于航站楼南端，相对独立又与安检通道紧邻，方便贵宾登机。

布局合理的商业设施是增加非航空业务盈利的重要举措。为方便旅客，同时兼顾神农架地区的旅游价值，设计采用分散式商业布局的模式，在中央大厅和候机厅均布置了零售商业。

169

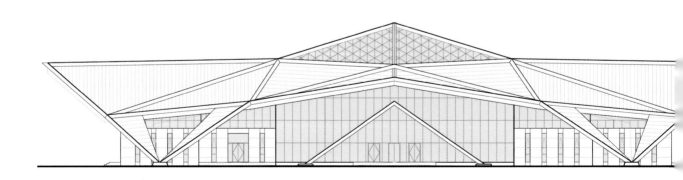

工艺流程——清晰便捷

梳理出一条清晰、便捷的流线是小型机场航站楼设计的关键。虽然是一个小型的支线机场，但其流线设计仍是重中之重，是不可忽视和回避的问题。工艺流程的合理性——到港方便，离港快捷，流线科学，管理高效，细节设计人性化是设计追求的目标。

出发旅客流程依次为：陆侧车道——中央大厅——办理登机手续、托运行李——安全检查——候机厅等候——登机。依照这一流线，将问讯售票、办票、安检、候机依照流线链状排布，避免旅客来回交叉，最大限度地缩短了旅客办票过程线路，从设计上消除了出发大厅内交通混乱的可能性。

到达旅客流程依次为：空侧车道——行李提取——中央大厅——出门至停车场。到达旅客搭乘摆渡车或步行到达入口，至行李提取大厅提取行李，穿过到达大厅，到达停车场。旅客的室内步行距离不超过60m，离港迅速便捷。

贵宾旅客流程依次为：贵宾停车场——贵宾厅——安检通道——登机。

行李流程设计分为出发和到达两种。出发行李流程为：出发行李由旅客在值机柜台办理托运手续，经安检后，由传送带送至行李房，经人工分分拣后由行李车运至飞机。到达行李流程为：到达行李由飞机卸下，运往行李房卸至行李提取转盘，旅客在行李提取大厅内提取行李，经行李牌检查后进入迎客大厅。

航站楼在工艺流程设计上避免各种流线交叉干扰，严格划分隔离区和非隔离区，确保旅客流线简捷、通顺，并有延续性，同时借助各种标志指示牌，使人流、物流顺利到达目的地。旅客流程同时应考虑满足残疾人对无障碍设施的要求。

通过以上设计，航站楼功能布局合理便捷，工艺流程简洁流畅，面积利用充分，配套设置齐全完善，满足了航站楼的使用要求，为旅客提供了舒适、高效的乘机环境。

结语

神农架机场的建成，不仅极大地方便了旅客的出行，有力地推动了当地旅游业的发展，也成为神农架林区一道亮丽的风景线，深受当地人民喜爱。同时，神农架机场也是旅游团队第一道参观的景点，成为"旅客心中的标志性建筑"。当地群众真正将它当作能够代表林区的建筑物，流露出深切的喜爱。在工程竣工后的回访中，当地

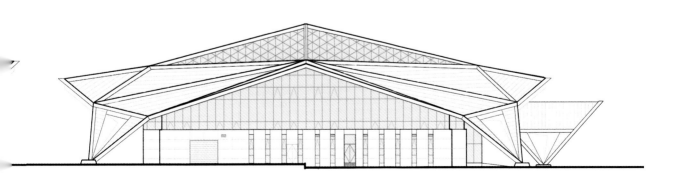

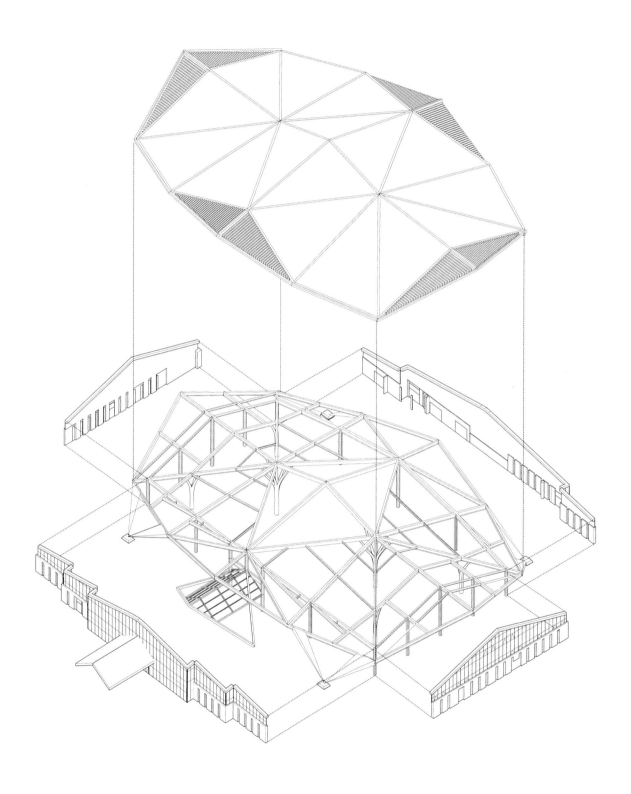

民众说不出"地域文化"这个词，但是，他们亲切地称之为"神农架的建筑"。林语堂曾说过，"最好的建筑是这样的，我们身处其中，却不知道自然在那里终了，艺术在那里开始。"神农架机场航站楼体现了与周边山体景观的回应与对话，在保护自然的同时，也是一座独具魅力的建筑，同时也浓缩了建构之美和艺术之雅。建筑成为一种对环境做出反应的有机体，建筑仿佛源于自然的秩序而生成。

武汉光谷国际网球中心一期 15000 座网球馆
Wuhan Optics Valley International Tennis Center 15000 Tennis Courts (Phase I)

设计时间：2013. 05—2013. 12
竣工时间：2015. 09
项目区位：武汉市东湖国家自主创新示范区
建筑面积：54340m²
结构形式：钢混框架结构、单层网壳结构、活动钢屋盖
合作建筑师：叶炜　姜瀚　郭雷　李鸣宇　程凯　沈溪杰

Design Period: 05. 2013—12. 2013
Completion Time: 09. 2015
Project Location: East Lake National Innovation Demonstration Zone, Wuhan City
Floor Area: 54340m²
Structure Type: Steel-concrete Frame Structure, Single-layer Reticulated Shell Structure, Movable steel roof.
Co Architect: Ye Wei　Jiang Han　Guo Lei　Li Mingyu　Cheng Kai　Shen Yuanjie

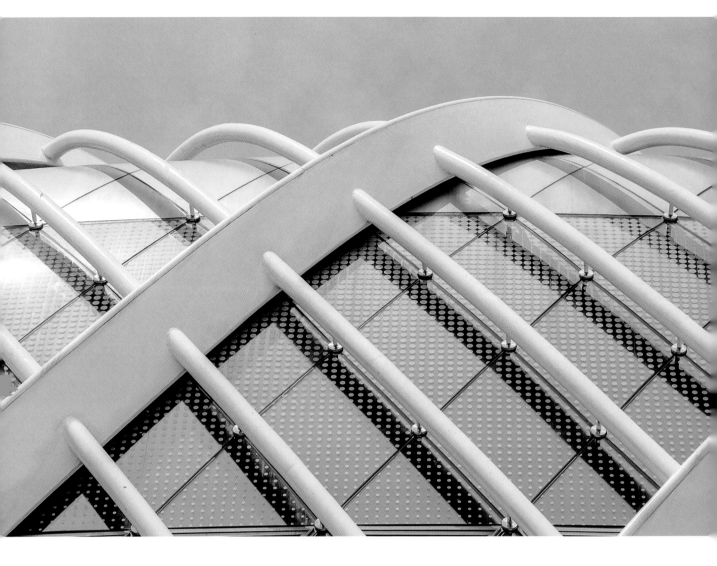

文化·艺术·建构

——武汉光谷国际网球中心15000座网球馆

Culture, Art and Construct

—Wuhan Optical Valley International Tennis Center 15000 Tennis Courts

2012年12月15日，国际女子职业网联核准"WTA超五巡回赛"落户武汉，为期15年，这是武汉首次承办世界级网球赛事。武汉光谷国际网球中心15000座网球馆作为WTA武汉网球公开赛的主赛场。这座国内第三个可开启屋盖网球馆于2015年9月27日正式开馆，向全球亮出了最美的身姿——形似旋风，又如桂冠，流光溢彩，灵动生辉，惊艳登场。

光谷国际网球中心位于武汉东湖新技术开发区内，项目用地由高新二路、佛祖岭一路、武黄高速以及场地西侧高铁控制线围合成较为规整的矩形。近期目标是满足世界女子职业网球赛WTA超五巡回赛，远期需考虑赛事升级和赛后综合利用的大型综合性体育设施。网球馆建筑共5层，高度46.08m，建筑面积54339.42m^2，是亚洲最大的国际专业网球中心之一。

178

理念——文化与体育的融合

网球运动起源于法国，发展至今已成为世界上最流行的运动项目之一，网球健身运动和观看比赛是许多人锻炼、休闲的主要内容，休闲化、大众化、职业化和市场化成为当今网球文化的主要特征。

作为体育运动的空间载体，体育建筑随着时代的发展，规模逐渐加大、功能日趋复杂、技术更加多元、形态更为多样。体育建筑虽然不属于文化建筑的范畴，但也不影响其体现文化的要素，运动、动感、升腾、速度等元素已成为体育建筑造型语言的灵感源泉。尤其是随着科学的发展，新技术、新材料带来了结构体系的推陈出新，极大地丰富了体育建筑的建构方式。

体育建筑和网球运动的蓬勃发展，为武汉光谷国际网球中心15000座网球馆的设计赋予了更高、更新的使命：既是承办WTA比赛的运动场馆，也是弘扬网球文化的物质载体；更是以网球功能为核心，满足赛事升级并兼顾赛后利用的体育综合体。

设计从其承载的比赛功能和网球文化入手，从整体性、适应性的角度对体育建筑的设计进行了全方位探索，尝试通过技术与艺术的有机融合，体现体育建筑的美学价值和文化特征。

179

规划——利用与新建的结合

任何公众高参与度和城市重要认知度的空间规划设计，无论其功能类别和规模如何，空间氛围的营造都是不可忽视的重要设计出发点。对于城市建设中具有窗口效应的重点场所，对空间的关注点将提升到城市维度的高度进行思考，设计着眼点则往往升华为如何通过空间氛围的营造，体现场所精神，反映城市及时代精神。武汉光谷国际网球中心正是这样一个代表城市形象、蕴含地域特色与举办国际赛事的项目。

网球中心在规划之初，对西侧奥体中心既有的3000座网球场及训练场进行改造升级，同时增了一座5000座室外网球场和一座15000座有可开启屋盖的综合网球馆。新旧场馆整体规划，统一布局，最大限度地利用现有场馆设施，同时也设计了能满足WTA赛事要求的新场馆，新旧结合的规划理念充分体现了有机更新的时代要求和社会认同。

规划还吸取了传统建筑中"因地制宜""顺应自然"的原则，利用现有新建场地的地形高差。基地与周边道路间的最大高差达到4m，设计没有采用推平重来的方式，而是利用地形，有机地将场地布置成自然起伏的，具有特色的体育公园。在节省土方量的同时，也给建筑创作提供了新的思路。规划中将场地按照高程划分为若干区域，根据每个区域的地形特征来确定场馆的布局。绿化景观采用与建筑外形相呼应的曲线设计，将建筑与周边环境有机联系起来。丰富的场所空间设计提供更多的景观与地形地貌，提供了更多的观赛体验，突破了平淡呆板的平面布局，形成了三维立体的城市空间。将建筑场馆融入自然环境之中，以地景式手法将建筑与自然融为一体。

通常体育建筑的设计中，往往采用场馆高架平台的方式，形成双层空间模式实现普通观众和特殊人员的流线分离，但建筑整体视觉效果往往较为呆板、生硬。从网球比赛提倡全民参与的特点出发，武汉光谷国际网球中心在规划设计中一直试图寻求一条模糊竖向空间界限的设计方法。从竖向交通、景观绿化、休闲空间等进行多维度设计，从而达到建筑与场地浑然一体，弱化了平台与地面的区分，模糊了公园和广场的界限，绿化缓坡、室外台阶、人行斜坡与建筑融为一体，建筑不再像被突兀地放置在平台上，而是仿佛从

大地中自然生长出来的一样，平台上设置乔木绿植、草坪花带等绿化景观，起伏变化，成为可让观众驻足停留、休息放松的空间；平台下布置绿化庭院，使其能够获得通风和采光。整个光谷国际体育中心中建筑与公园有机结合，公园中有建筑，建筑融入公园。营造出绿色生态体育公园的空间氛围。

造型——运动与速度的体现

随着体育运动从竞技体育走向全民体育，体育建筑的形态特质也从静态封闭走向动态开放，厚重沉闷走向轻盈浪漫，由崇尚力量走向体现科技。在此背景下，网球中心摒弃传统体育建筑的结构美学，采用玻璃幕墙作为外围护结构，创造独特的通透、空灵、动感、飘逸的建筑形象，极具传统东方建筑的审美情趣。

网球馆的造型灵感来源于飞速旋转的网球，建筑希望以"旋风球场"新颖的视觉形象成为网球健儿扬名四海的圣地。在方案构思阶段就试图采用金属与玻璃的结构演绎建筑造型语言，体现现代材料美学，尝试运用动感的建筑造型体现当代体育建筑的特征。建筑外形通过64根旋转提升

的竖向杆件构筑出整个建筑向上飞扬的整体动势，形成"旋风"的造型意象，产生富有张力的视觉效果，突出了建筑的主题，"旋风球场"因此而得名。

从室外看，建筑主体入口处的拱形弧线将室外平台的静与建筑的动进行完美的结合，以动态的建筑平衡营造出富有空间吸引力与视觉冲击力的建筑入口。从室内看，建筑以纯净通透的玻璃作为室内外的界面，纯粹空灵。建筑将意象、造型、结构完美统一，创造出前所未有的视觉及空间体验。

对于如何删繁就简，增加建筑极简通透的效果成为设计重点需要解决的问题。建筑造型的外表皮大致可分为五种体系：装饰体系、遮阳体系、泛光体系、幕墙体系和结构体系。为了尽可能地获得建筑的透明性，采用减法设计，将五种体系整合为一种复合体系。立柱既是建筑的造型元素，也是结构的承重体系，更是外幕墙玻璃的主龙骨，泛光灯带采用一体化设计隐藏于倾斜的立柱之上。五位一体的设计使得室内外视线通透，建筑也显得晶莹剔透。建筑的节能效果通过建筑本身的形体设计得以实现。建筑外墙微微内倾形成自遮阳体系，并与建筑内部碗状看台的形

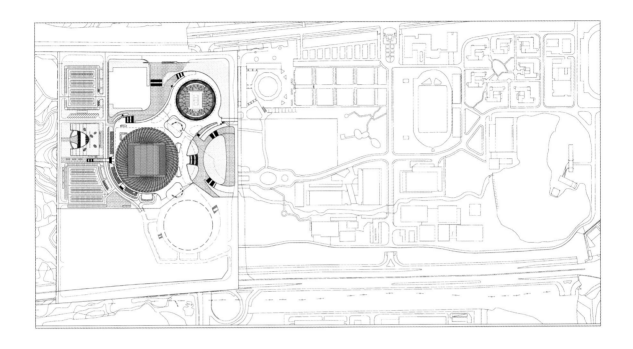

体逻辑相吻合，玻璃幕墙外围的钢结构也起到了很好的外遮阳效果。通过计算分析，自遮阳加外遮阳在夏至日全天能减少45%的热辐射。另外，屋面金属到立面玻璃的过渡是个难题，处理不好会很生硬，影响建筑的整体效果。设计采用玻璃中加金属圆片从大到小，从有到无的方式形成自然平滑的渐变，产生屋面到立面浑然一体的效果。一体化整合的设计思路将建筑的形式美、功能美、装饰美、结构美进行有机融合，将复杂的问题简单化，获得极佳的效果。

网球中心屋顶设计为可开启式。支承开合屋盖的横梁立柱的落位成为设计的难点，既不希望它落在碗状看台上破坏比赛大厅的整体效果，也不想它呆板地立在环形大厅中，影响室内效果。最终，将其处理成由4根圆钢柱组成的格构柱，柱子中间设置了供观众上下的垂直电梯，在满足使用功能的前提下，形成环厅中一道活动的风景。

功能——形体与使用的组合

圆形作为向心性最强的柏拉图体，在总平面和城市空间上均容易成为视觉的焦点和中心。采用正圆形建筑平面也实现了内场观众看台视线的均好性。15000座网球馆共5层，主要功能为竞赛、观赛、后勤保障等，通过平面设计将其融为一体。建筑功能多元复杂，使用人员混杂纷乱，其流线组织具有很大的挑战性。为了达到国际顶级网球赛事的竞赛需求，在设计过程中，坚持"以赛事为主线，以运动员为核心，以观众为对象"的理念，首先满足各个功能分区之间具有便捷的相互联系，并确保整个场馆具有良好的交通流线组织。同时各个功能分区之间在相互关联的基础上又能够相对独立使用，并确保主要流线（即运动员竞赛流线与观众流线）完全分离、互不干扰。最后，在流线设计中也要考虑到建筑的可持续发展及赛后利用情况。

按照圆形建筑特点，组织清晰、简洁、有序的功能逻辑。各层平面呈环状布局。建筑一层内环为观众厅，外环根据使用功能分为四大区域：南面为贵宾区，东面为组委会区，北面为运动员区，西面为媒体记者工作区。建筑二层内环为观众厅，中环为VIP包厢区，设有包厢、卫生间等，外环为观众环厅和服务区。建筑三、四层内环为观众厅，外环为疏散楼梯、卫生间等观众服务设施。建筑五层在东西两边各设一块LED大屏幕，北侧设转播及设备机房，南侧设评论员室。

工艺设计充分满足了国际赛事运营方的要求，内场设计以满足WTA比赛为主，同时考虑了赛事升级和赛后综合利用的空间。场地中央为标准网球场地，南面为主席台看台，北面为赞助商贵宾看台，东西两侧为贵宾看台，前段设置为可回收的活动看台。这种内方外圆的设计拉近了观众与运动员之间的距离，增强了比赛时互动的氛围和亲临其境的观赛感悟，空间利用率高。

为确保最大的灵活性、适应性，内场直径确定为72m，大于目前同类场馆，在满足网球比赛的同时，通过活动座椅可实现场地大小及用途的转换，可满足除体操比赛外的各种球类比赛及摔跤、举重等多类赛事，更为非赛事期间举办演唱会、商业表演等留有充足的空间，使赛后运营变得游刃有余。

空间——体验与氛围的营造

当下的建筑创作中，有些设计过于看重外部造型和内部空间的装饰，而轻视建筑造型与空间的内在联系和逻辑关系，忽略建筑空间的真实表达。如何把握设计的本原、审视传统、解读现代，成为建筑师在建筑与空间的塑造中亟待思考的问题。

建筑与空间的营造应当回归本原，注重"表"与"里"的内在逻辑关系及真实性，从传统哲学"天人合一""返璞归真""有无相生"等思想中寻找内在的形式本原，将精神层面的特质运用到建筑创作中。在光谷网球中心的建筑空间营造中，力图真实地反映建筑与功能、建筑与结构之间的内在逻辑，达到表里如一的境界。

空间是建筑师的语言，网球馆的空间设计中着重考虑了观众体验的层次感。首先观众从室外平台进入网球馆的大厅，通透的玻璃界面将室内外空间加以界定，观众可以体验到室内观众环厅与室外景观交融的氛围。环厅另一侧靠近内场的部位采用悬索穿孔铝板幕墙体系，形成完整的倒锥状形体，简洁大气。穿孔板上通过孔径大小的变化形成体现网球运动元素的抽象图案，若隐若现的纹理具有抽象中国水墨山水长卷的神韵，使原本呆板的界面上具有了生动的文化元素。观众再往里进入比赛大厅前的休息廊时，环厅内侧的穿孔铝板又形成了一道类似传统纱帐的界面。在透与不透之间，观众逐渐进入准备欣赏赛事的状态，同时感受到空间中东方朦胧的美学，随着时间的推移，穿孔铝板也在室内形成斑斓的光影效果，营造出如梦似幻的建筑意境，这是首次将悬索穿孔铝板幕墙体系运用到体育建筑中的一次尝试，取得了意料之外的效果。

当最后到达比赛大厅，准备全神贯注观看精彩赛事，呈现于观众眼前的是个一览无余、规则完整、高大气派的碗形空间，净高约29m。比赛大厅屋面下的格栅吊顶设计为与屋面的螺旋图案相呼应，采用外阳内阴、外实内虚、互为图底的对应关系。让观众感受到内外的变化与联系。

希望通过由外而内的三个空间层次转换，为观众营造出良好的观赛体验。

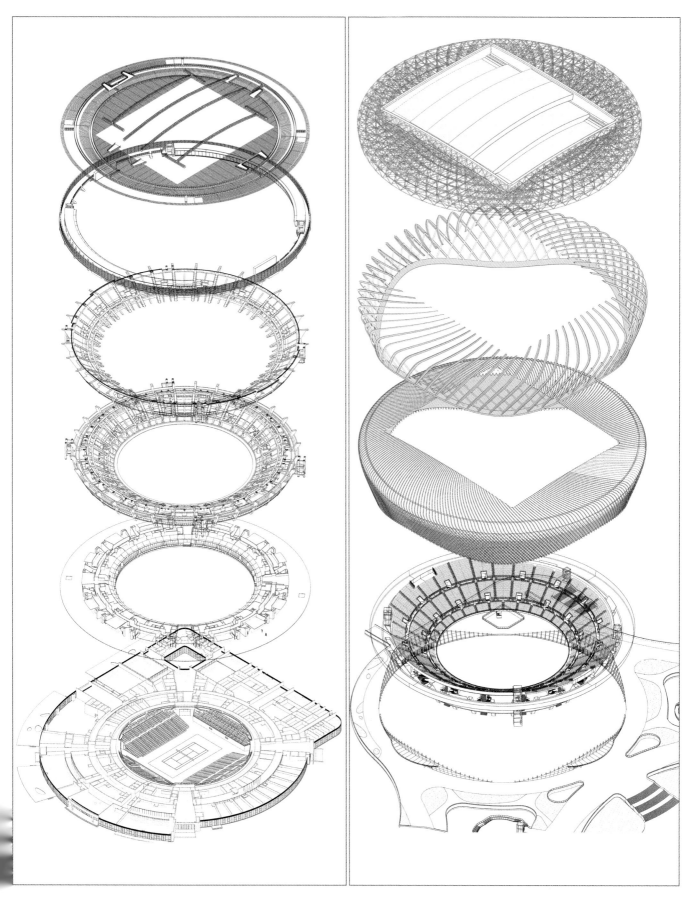

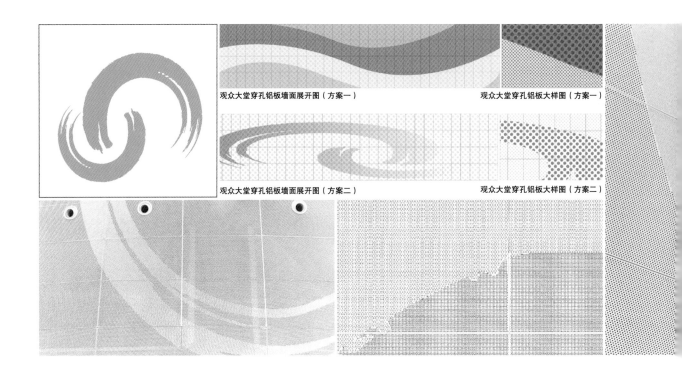

观众大堂穿孔铝板墙面展开图（方案一）　　　　观众大堂穿孔铝板大样图（方案一）

观众大堂穿孔铝板墙面展开图（方案二）　　　　观众大堂穿孔铝板大样图（方案二）

拟合——数字与逻辑的整合

当代体育建筑的发展趋势与参数化主义的审美倾向高度吻合，体育建筑在形态上更加流畅完整，理念符号更加清晰明了，往往追求建筑、结构、设备一体化设计。这与体育建筑的自身特点分不开：长期以来，体育建筑就与现代主义的"多米洛"体系存在矛盾，一方面功能空间受体育工艺的影响，相对固定；另一方面，外部造型又要摆脱大跨度结构工程技术的影响，不断寻求突破创新。参数化设计"自下而上"的生成逻辑和原理，表现出"自组织"式的形态特征。在当今建筑界形成了独树一帜的参数化主义风格，虽然其"高冷"的形式特征在现代主义语境里还存在争议，但"连续性""差异性"的审美特点与当下体育建筑的造型发展趋势却又相当契合。首先，体育建筑固定的功能空间为参数化设计构建内核框架提供了便利，比如在网球中心的设计中根据观众规模、视线升起的参数关系就可简单地建立基本的场馆空间框架；其次，参数化的单元表皮处理方式为各种设计理念的表达与筛选搭建了桥梁，可以自由地塑造体育建筑的形态。

传统设计模式在过程上看是线性的，在各个设计环节上必须确定当前设计内容和下步设计方向，剪除其他可能性"分支"。项目越复杂时间越紧迫，越是困难重重。凭经验留出的冗余设计往往造成了空间的浪费与细节的粗陋。参数化策略并非针对建筑设计的各个元素，而是重新定义它们之间的关系，不用急于猜测无法确定的设计参数，而是让其在互相制约的逻辑系统中自动呈现出来。如果合理的结果不是唯一的，那就为建筑师权衡决策留下了空间；整个设计过程变成了灵活的非线性过程。

参数化设计技术是众多高技术设计辅助手段应用的重要环节，它成功地帮助从前期方案阶段到后期施工图阶段组织起连贯有效的设计框架，提高了设计过程的效率，解决了一系列设计难题，保证了最终的设计质量。

光谷国际网球中心建筑造型新颖、独特，复杂程度高，数字化技术使建筑精确化实现成为可能。无论在初期的构思找形，还是在后期的拟合过程中都起到了举足轻重的作用。网球中心外表皮系统的特点就是建筑与结构一体化。传统设计方法采用各专业留出边界的方式彼此配合，这对提高一体化设计的高完成度造成了障碍。而在参数化设计中，可以将各专业的设计因素整合在统一的逻辑框架里，一方面生成几何形态参数，另一方面可即时传递结构计算模型轴线和相关数据，双方同步推进，以应对设计的各种调整及修改。设计中各系统间的预留空间得到了精确的利用和有机的整合，这也是高品质建筑设计的必要条件。

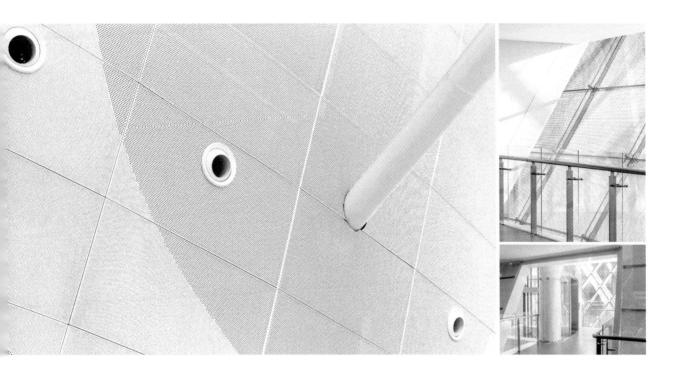

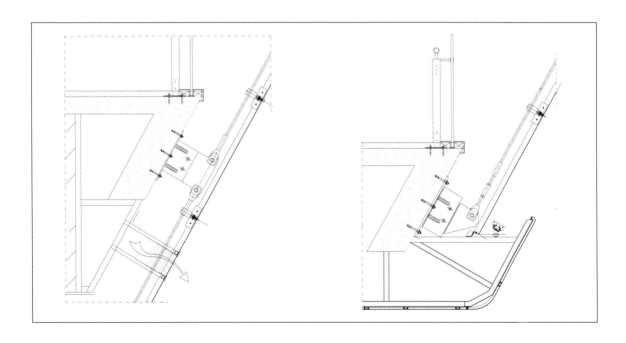

　　光谷国际网球中心的参数化设计攻克了数字技术实现各专业空间数据整合的难题，实现了设计制图从二维走向三维的升华，也为项目施工、招标、管理提供了精确的三维可视化数据。由于设计周期极短，在如此复杂的大型项目设计中，如何按时保质地完成任务，选择恰当的设计模式至关重要。参数化设计无论在流程、方法、质量甚至设计本身的思路上都有优势。总之，在光谷国际网球中心的全设计周期中，运用算法设计工具，构建了一脉相承的设计框架，为项目过程的可控性提供了保障，并最终保证了设计意图与建成效果的高度一致。

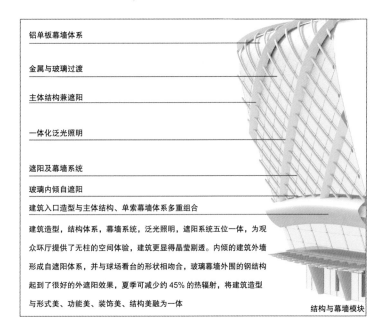

铝单板幕墙体系

金属与玻璃过渡

主体结构兼遮阳

一体化泛光照明

遮阳及幕墙系统

玻璃内倾自遮阳

建筑入口造型与主体结构、单索幕墙体系多重组合

建筑造型，结构体系，幕墙系统，泛光照明，遮阳系统五位一体，为观众环厅提供了无柱的空间体验，建筑更显得晶莹剔透。内倾的建筑外墙形成自遮阳体系，并与球场看台的形状相吻合，玻璃幕墙外围的钢结构起到了很好的外遮阳效果，夏季可减少约45%的热辐射，将建筑造型与形式美、功能美、装饰美、结构美融为一体

结构与幕墙模块

建构——工业与技术的支撑

　　网球馆从方案投标到竣工并投入使用，仅仅只有2年半的时间。传统的设计模式和施工方式显然不能适应这种高难度、短周期的实际需要。网球中心运用数字化设计、工业化生产、现场安装的技术手段，将设计与工业化生产紧密结合起来。

　　网球中心设计中尽可能将建筑构件拆分进行工业化生产，内场看台、平台栏板、平台架空铺地等均采用工厂预制混凝土板；网球馆屋盖下的三角形吊顶格栅和观众大厅倒锥形的悬索穿孔铝板均采用工厂加工成型、养护完毕后运至现场直接装配。

　　建筑外表皮倾斜旋转的立柱对实现建筑造型和功能、展现建筑个性具有决定作用。立柱呈现空间双曲的三维形式，截面大小逐渐变化，对生产加工提出了很大的挑战。施工要求完全反映建筑的外形特点，构件布置规律及截面大小都要与建筑完全吻合。因此，立柱从设计到结构计算再到工厂生产均通过数字模型控制，最终在工厂加工成型后再运至现场吊装和装配。

　　事实证明，这种工厂化制作、现场安装的方式工业化程度高、产品构件误差小、安装难度低。具有高效、精密、美观、低碳的特点，也节材省料，大大缩短了施工周期。同类规模的场馆正常的建设周期为2年半，网球中心从开工到竣工只用了18个月的时间。建成后，整体建筑无论视觉效果还是使用功能都达到了设计的预期，体现了现代、高效建构的时代特点。

屋盖——开启与闭合的转换

网球比赛是一种室外的赛事。但考虑到场馆的多功能使用，光谷国际网球中心15000馆屋盖设计为可开启式。开合屋盖可以满足全天候使用要求，可同时满足网球和其他赛事及活动的需要，是我国目前国内建成场馆中规模最大的开合屋盖网球馆。

采用可开启活动屋盖是当今大型建筑的重要设计理念。开合屋盖系统不仅满足人们在大型封闭空间的各种活动需求，还可为人们实现宽松开放的活动空间提供了选择，是目前建筑设计崇尚自然、绿色、和谐的重要表现手段。开合屋盖建筑相对于固定式屋盖建筑是一种较为新颖的建筑形态，是现代建筑科技的集中体现；具备一定的优越性与特殊性：它打破了传统室内空间与室外空间的界限，可以根据使用功能与天气情况在室内环境与室外环境之间进行自由转换；开合屋盖在不同的姿态位置以及不同的环境条件下，建筑结构将体现出不同的载荷、变形等工况，给设计提出了新的挑战，相应地也增加了工程建设的难度。

开合屋盖是跨学科综合的系统设计，涉及建筑、结构、机械、幕墙、防水、预应力张拉及自动化控制等多个学科领域。各学科有不同的特点和标准，其难度主要体现在各学科间能否有机地融合在整体活动屋盖系统中。因各专业能达到的

精度标准存在着数量级的差别，所以在施工过程中需将土建、固定屋盖结构、活动屋盖结构、预应力张拉、机械等专业有机统一，统筹考虑；武汉光谷国际网球中心开合屋盖的设计涵盖了与开合屋盖相关的建筑、结构、机械、控制系统以及密封排水、供电、消防等相关专业的设计。从建筑角度，开合屋盖的开启形式可以有各种各样的创意和构想，实现功能与外观的完美统一；从机械结构角度，不论采用什么方式，只有保证系统在全寿命周期的安全平稳运行，合理地投入和维护成本，才是最适合的方案。

开合屋盖体育场馆的优劣最终决定开启的方式。综合各种因素后，光谷国际网球中心采用技术相对可靠成熟的平移式开合屋盖体系，为了避免影响建筑造型，将复杂的开合屋盖机械系统整合为"屋面仓"，使之融入网球馆圆形的母题之内；开合屋盖由四片独立结构单元构成，在中间直线相交，闭合时可与固定屋盖完全吻合。开合屋盖开启尺寸为60m×70m，面积为4200m²，上下层各两个单元，上层平面尺寸72m×16m、下层76m×16m，采用预应力拱形空间钢桁架结构，通过布置在固定屋盖内边缘钢桁架上的轨道进行水平滑移开启，实现了近百米跨度的无柱大空间；每个单元均能独立运动，实现打开或关闭；开合形式可采用两侧四片同时对开、先上片后下片对开等不同形式；开合屋盖基本状态为全开状态。其驱动方式采用了先进的台车自驱体系，10min

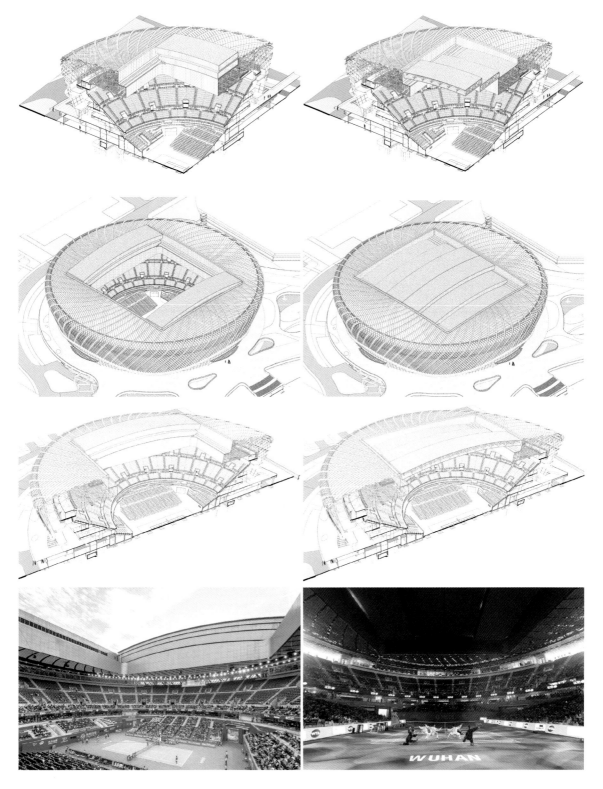

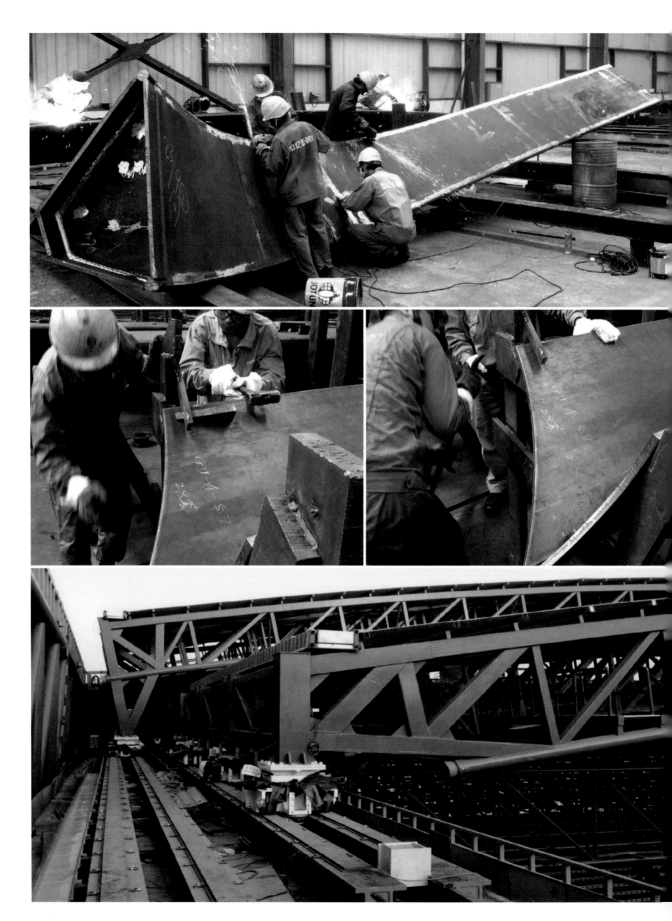

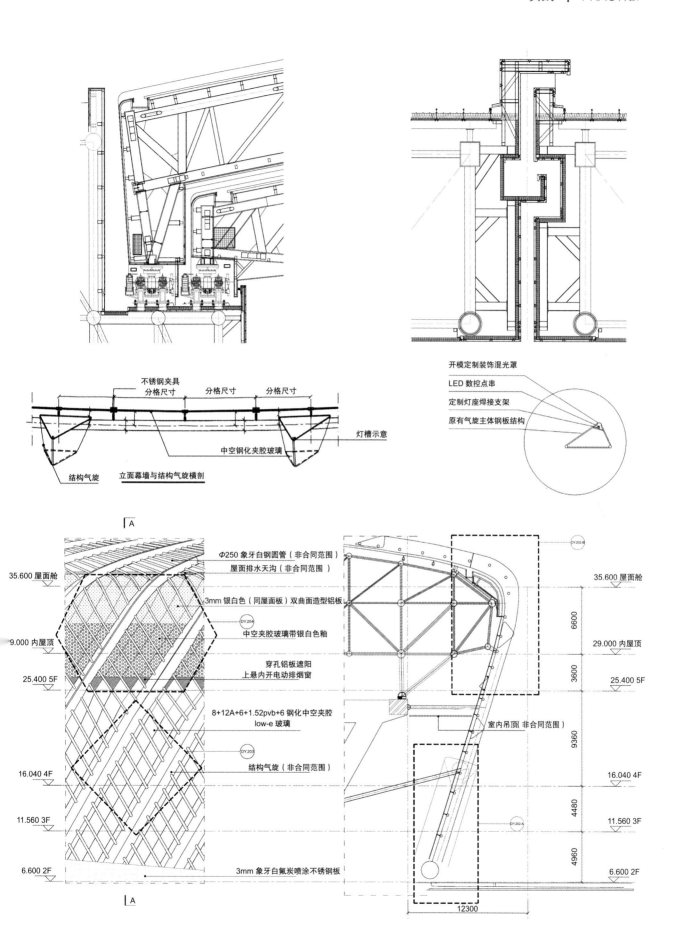

不锈钢夹具
分格尺寸   分格尺寸   分格尺寸

灯槽示意

中空钢化夹胶玻璃

结构气旋   立面幕墙与结构气旋横剖

开模定制装饰混光罩

LED 数控点串

定制灯座焊接支架

原有气旋主体钢板结构

A

35.600 屋面舱

9.000 内屋顶

25.400 5F

16.040 4F

11.560 3F

6.600 2F

A

Φ250 象牙白钢圆管（非合同范围）
屋面排水天沟（非合同范围）

3mm 银白色（同屋面板）双曲面造型铝板

DY.204
中空夹胶玻璃带银白色釉

穿孔铝板遮阳
上悬内开电动排烟窗

8+12A+6+1.52pvb+6 钢化中空夹胶
low-e 玻璃

DY.203
结构气旋（非合同范围）

3mm 象牙白氟炭喷涂不锈钢板

DY.202-B

35.600 屋面舱

6600

29.000 内屋顶

3600

25.400 5F

室内吊顶（非合同范围）

9360

16.040 4F

4480

11.560 3F

DY.202-A

4960

6.600 2F

12300

即可完成屋盖开启或闭合的空间转换；屋面仓内轨道与天沟结合在一起，为了更好地满足密封防水的功能，在开合屋盖的机构单元之间首次采用了可升降式多道柔性密闭系统，利用可升降柔性材料与屋面板之间的自然封堵，进而提升了开合屋盖的密闭性能，有效避免屋面漏水这一困扰着开合屋盖场馆的老问题。

智能——观众与建筑的互动

随着智慧场馆的提出以及大数据日新月异的发展，建筑智能技术的投入和使用越来越受到重视，尤其是"互联网+"这种产品模式的应用及推广，推动了体育场馆的智能技术从固有的程序化模式，转变为以建筑为平台、赛事（或大型商业活动）为依托，向人们提供一个安全、高效、舒适、便利的人性化运动观演环境。

光谷网球中心具备了智慧场馆的雏形。设计中通过设置赛事管理系统来满足赛时成绩处理、信息发布、数据交互、实时分享等体育运动专业化趋势的要求；通过环形液晶显示屏和LED大屏的结合，满足观众越来越高的对于赛事或演出观赏体验要求；通过无线网络的全覆盖，观众在观赛时可以将观赛体验和精彩瞬间分享给亲朋好友，实现了观众、建筑、赛事的互动。

结语

武汉光谷国际网球中心15000座网球馆的设计，实现了文化、意象、造型、功能、结构的完美统一，体现了建筑的高标准和高定位。它将不仅仅成为一个耀眼的明星建筑，更会成为网球文化、体育精神的象征。光谷国际网球中心的设计也是追求建筑与空间营造本原的一种尝试。希望通过这一体育建筑，在建筑与文化、建筑与造型、建筑与功能、建筑与结构、建筑与建造、建筑与空间、建筑与景观等方面进行整体性和统一性的探索，这也与中国传统哲学整体统一的思想相一致。

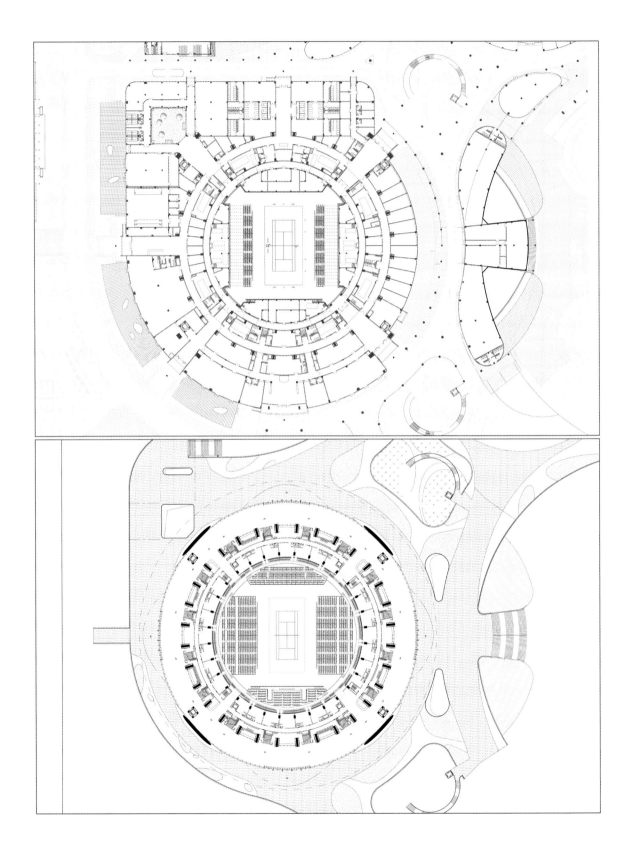

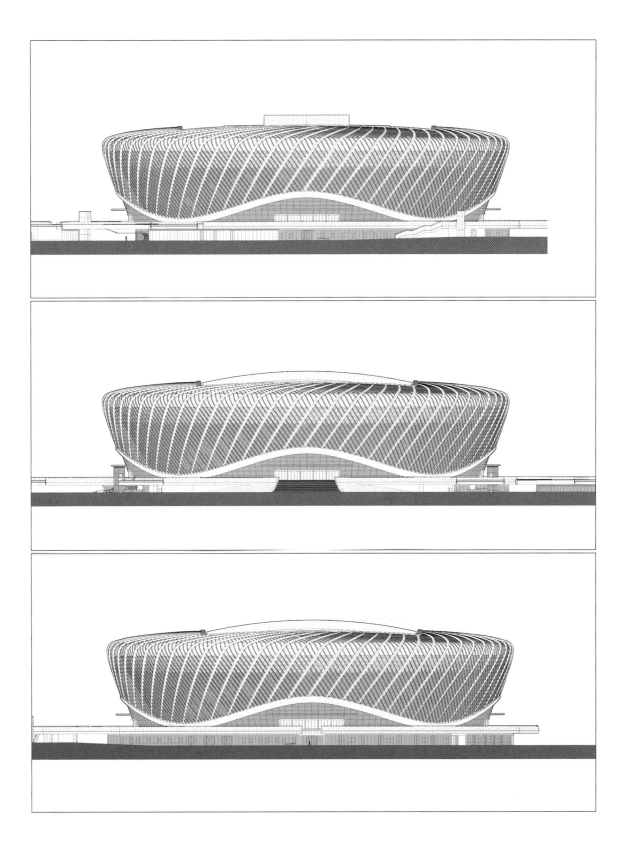

长江传媒大厦
Changjiang Media Building

设计时间：2011. 07—2012. 07
竣工时间：2017. 11
项目区位：湖北省武汉市江岸区后湖
建筑面积：146459m²
结构形式：框架－核心筒结构
合作建筑师：郭雷 李鸣宇 张强 罗淞 高婷 孙吉强

Design Period: 07. 2011—07. 2012
Completion Time: 11. 2017
Project Location: Houhu, Jiangan District, Wuhan City, Hubei Province
Floor Area: 146459m²
Structure Type: Frame–core Tube Structure.
Co Architect: Guo Lei   Li Mingyu   Zhang Qiang   Luo Song   Gao Ting   Sun Jiqiang

长江传媒大厦
Changjiang Media Building

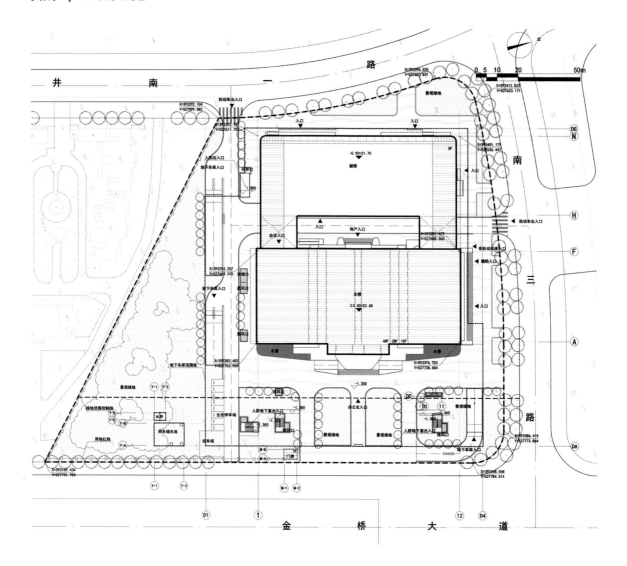

生长，腾飞

——长江传媒大厦

Growth, Take off

—Changjiang Media Building

长江传媒集团脱胎于长江日报集团。长江传媒大厦是报业集团通过现有的土地置换，在异地建设的项目。长江传媒大厦选址位于武汉市江岸区后湖，毗邻武汉市民之家，北靠三环线，东邻金桥大道，地处三金潭城市交通枢纽以南。大厦功能以长江日报报业集团办公为主，融合了新闻出版、文化艺术、广播影视、网络文化、创意设计、文化制造等多种业态，是一个大型文化产业集群基地。长江传媒大厦将成为武汉文化创意产业的新旗舰，也是引领全市文化产业转型升级，推动文化产业成为支柱产业的重点基础建设项目。

城市的媒体形象是城市文化品位的重要标志之一。长江传媒大厦的设计立足于提升城市形象及文化内涵，建成代表武汉城市发展新形象的综合性文化设施。

项目用地面积为29041m²，总建筑面积146843m²。其建设内容主要包括超高层办公主楼，建筑高度为243m；具有附属办公及商业餐饮功能的副楼；作为设备用房和停车库的地下室。

建筑与城市——生长、腾飞的建筑意向

规划在城市视野下思考建筑和城市的关系。建筑处于武汉市最重要的干道金桥大道之上，建筑造型关系到武汉北门户的形象，沿干道立面是最重要的建筑立面。规划将主楼居中布置，呈对称布置，主要立面形象正对金桥大道。前方设置入口广场，与周边建筑保持一致的城市界面，并

留有足够的距离能够观赏到建筑全景，突出建筑的恢宏气势。主楼后部靠近井南一路一侧布置副楼，安排必要的配套功能。空间上主楼高度远高于副楼，主次分明，主体突出。平面上主楼与副楼之间采用空中连廊进行连接，围合嵌入采光内聚的空间，形成了一个共享的可以自然采光、通风又兼具交通集散功能的"类庭院"。构成完整的回字形布局，回字形空间具有很强的空间围合感。连廊部分底层架空，以便于行人车辆进出，同时形成空间上通透的效果。主楼与副楼的总体布局与毗邻的武汉市民之家回字形总图遥相呼应，场地内外形成一致的设计语言。

为创造良好的城市空间关系，建筑与基地周边的公共建筑市民之家产生互动关系。在城市尺度上，运用城市视线控制，形成良好空间关系。长江传媒大厦后退布置使人在金桥大道能够清晰看到武汉市民之家建筑全貌；长江传媒大厦侧立面形成完整连续的城市界面，确保与市民之家之间视觉效果的完整性。

建筑与景观同属空间设计范畴，建筑与景观互相渗透，不可分割。在设计中对建筑与景观进行一体化设计，使建筑与景观构成的场所形成连续一致的建筑空间环境。

基地形状不规则，从总平面上来看建筑占据场地中心位置，景观围绕建筑展开，创造了丰富的空间层次。在大厦主入口广场布置大面积景观绿化，将人引入建筑场地，作为大厦入口的先导空间。大厦一侧布置整块绿化草坪，种植景观树木花草，供大厦使用者日常休闲放松，也为周围建筑提供了良好的景观视野，成为城市空间中的积极元素。

超高层建筑对周边环境的影响是巨大的，设计中尽可能争取将其影响化解到最小。建筑采用节节收分的建筑形体，分为三部分向内收分，增加了空间层次。建筑形成向上的升腾态势，形象高耸挺拔。在有限的建筑用地上，将更多的上部空间留给了城市。逐级升高的建筑体量关系，丰富了建筑内涵与城市的天际线。向上逐渐收小的建筑形象和塔楼裙房一体化设计手法，有效地弱化了高层建筑对城市空间的压迫感，修长而挺拔的建筑形象丰富了城市空间，为城市与建筑之间对话提供更多可能性。大厦下部面向城市，以稳重的基座向城市彰显长江传媒踏实务实的企业态度，建筑以更加开放的姿态面对城市，增加对城

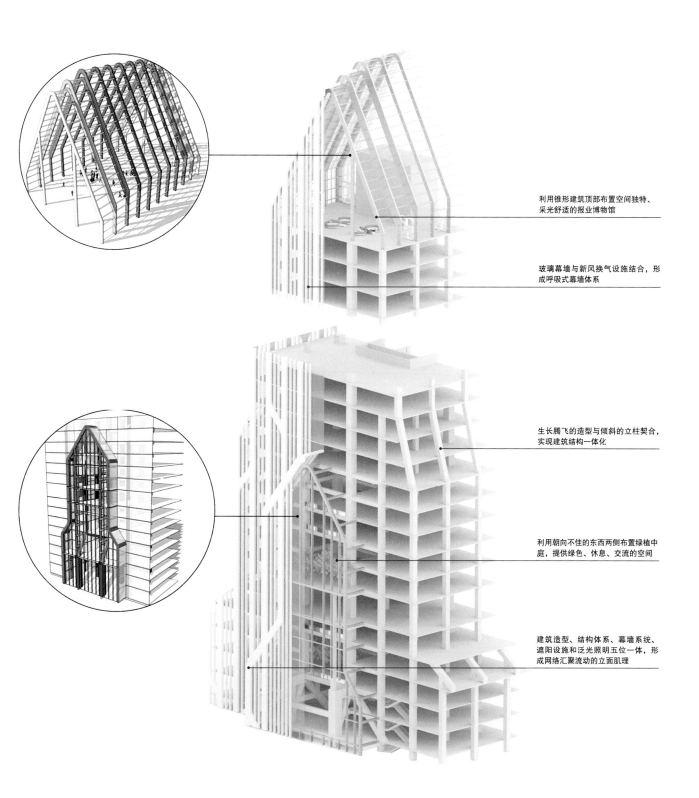

利用锥形建筑顶部布置空间独特、采光舒适的报业博物馆

玻璃幕墙与新风换气设施结合,形成呼吸式幕墙体系

生长腾飞的造型与倾斜的立柱契合,实现建筑结构一体化

利用朝向不佳的东西两侧布置绿植中庭,提供绿色、休息、交流的空间

建筑造型、结构体系、幕墙系统、遮阳设施和泛光照明五位一体,形成网络汇聚流动的立面肌理

市的亲近感。统一的造型语言构筑起独特的建筑气质和内涵。

长江传媒大厦建筑汇聚向上，武汉市民之家开放包容，这两个相邻地块的两个重要城市公共建筑以不同的建筑体量回应各自的功能用途，彼此之间又互相融合，共同承担与城市空间的沟通与联系，并作为重要的公共节点辐射城市周边空间。

形态与生成

长江传媒大厦建筑造型语言简洁明快，形象突出，令人印象深刻，过目不忘。外形现代风格与企业特质融为一体，采用剪影式的构图手法，着力于表现建筑的动感与几何雕塑感。采用自下而上逐级升高的、流畅的建筑形体，赋予建筑一种"直上云霄"的动势。建筑表皮肌理简洁舒展，以"人"字形为母题，意在体现传媒"社会瞭望者"的社会功能。建筑表面挺拔有力、粗细有序、竖斜相融的线条也表达生长的寓意，同时顺应建筑整体形态的线条走势，赋予一种向上的动势。最终形成的造型呈现出一种汇聚、升腾、萌发的态势，具有灵动的感觉，形成一种独特的建筑语言。寄托了对武汉未来建筑的飞速发展和长江传媒事业节节攀升的美好愿望。

建筑造型也希望向公众传达多种寓意，巧妙传承传媒企业的特质。建筑造型从长江传媒集团这个文化型企业的社会历史责任出发，今天的新闻就是明天的历史。"秉笔直书"正是传媒集团义不容辞的社会责任。建筑顶部收为锥形，抽象表达出"笔"的意向，运用建筑语言表达媒体的文化追求以及"真实、客观、准确地反映事实真相"的职业操守。

建筑造型的理解也离不开对地域文化的全新诠释。从武汉得天独厚的地理位置及城市特点出发，建筑形态立足于"江城武汉，得水独优"的自然环境，提取"汇聚流动"这一极富时代韵律的建筑元素，体现出如云似水的灵动。抽象概括了未来传媒"无处不在，自由流动"的自身特点。整个建筑让人产生一种飞翔的联想，暗喻了武汉白云黄鹤之乡的典故。

建筑色彩采用白色为基调，建筑本质干净、纯粹。同时通过玻璃的"虚"和金属的"实"相互对比，使建筑的立面具有韵律，突显了建筑的磅礴气势。

整个建筑形体自下而上一气呵成，极具生长、腾飞的建筑意向，赋予建筑一种"展翅欲飞"的姿态。建筑造型呈现出一种汇聚、融合上升形态，符合网络时代新媒体的特性。长江传媒大厦以崭新的视角将地域文化、传媒特征和建筑形象完美结合起来。

功能与空间

设计试图在建筑裙房与塔楼的关系上追求一种突破，寻求打破因循守旧、墨守成规的惯例。提升形体空间与内部功能之间的匹配度，使之成为符合逻辑的生成关系。从长江传媒大厦设计上，看得出建筑功能的复杂，亦能体会它蕴藏逻辑关系的奥妙。

超高层建筑塔楼和裙房的布置关系，一直以来似乎一成不变。如何重新定义摩天大楼，寻找

突破，是设计需要思考的问题。长江传媒大厦执意颠覆常规，希望在千篇一律的高层建筑中，成为打破成规的先锋。高层建筑塔楼配群楼的做法已成定势，设计不想落入这个常规的窠臼，而是另辟蹊径，通过一体化的手法将裙房与塔楼融合起来，裙楼成为塔楼的一部分，与塔楼融为一体，形成完整的建筑形象和视觉感受。

从长江传媒的部门配置及内部功能梳理分析中发现，几个使用面积较大的部门需设在建筑楼层较低的区域。将使用人数较多的功能空间布置在建筑下部，同时将使用人数较多的商业、报告厅、餐厅等公共设施也布置在建筑底部。根据不同部门的办公用房面积由大到小依次往上布置，相应地形成由下向上逐渐收小的建筑外形。从城市层面上可以减少对城市的压迫感；从交通层面上可以降低塔楼垂直交通的负荷，减少电梯数量，增加建筑的使用面积。作为一栋48层的超高层建筑，因采用针对不同部门对办公面积的使用需求形成收分的建筑形体，一半的建筑面积分布在占整栋建筑高度1/4的底部。这种基于对使用功能理性判断而形成的建筑塔楼裙房一体化设计方

法，也给超高层建筑带来了全新的视觉形象。

长江传媒大厦竖向交通设计同样基于塔楼裙房一体化的建筑形态。竖向交通体系由塔楼中央和裙房四角的交通核组成，塔楼电梯分为高、中、低三个分区，其中四角的交通核与塔楼核心筒内的四部客梯共同承担低区的竖向交通。这一特点使得建筑上部的核心筒面积比同高度的超高层建筑要小，使用更为集约高效。

塔楼裙房一体化的建筑形式较为特别，为内部空间环境形成创造出更多可能性。超高层建筑在垂直方向高度充足，空间具有更多竖向延伸的可能。首层办公大厅三层通高，竖向的柱子和立面金属线条强化了垂直向上的升腾感。塔楼部分通过垂直方向的公共空间组织，形成多个空中庭院，丰富了高层办公空间，成为交流沟通的活力单元。改善大厦整体办公环境。与外部生态环境结合，在形成室内小气候的同时，取得良好的节能、通风、采光效果。

竖向公共空间的设计从"以人为本"的理念出发，力争创造具有文化性的公共场所和人性化的活动空间。如何解决城市主要看面和东西朝向的矛盾，采用东西竖向布置一系列的2层高的空中庭院来化解这个问题。设计充分利用超高层建筑在高度上的优势，建立起垂直方向的公共空间序列。在外观效果没有破坏的前提下，内部空间品质得到了极大的提升，保证办公空间获得较好的南北朝向。

景观与建筑密切相关，根据现代立体景观理念在建筑中布置空中花园。在建筑朝向较为不利的东西两侧庭院中布置了绿植，引进了绿意，提供绿色生态的空间，作为休憩、交往、观赏、娱乐的场所。庭院的设计也使建筑与景观和自然产生联系，相互交融。尺度宜人的空中花园，为上班族与自然界搭起了桥梁，创造高层办公楼的空间新模式。

长江传媒大厦在后湖地区鹤立鸡群，独占鳌头。设计的重头戏是建筑的顶冠。利用建筑高度上的优势，打造具有绝佳视野的顶层高大空间，营造有多功能利用可能的优质空间。建筑外观的原因形成了独特的空间环境，内部为造型内收形成的锥形空间。作为展示企业文化和发展历史的报业博物馆，采光良好，空间独特。顶部是结合

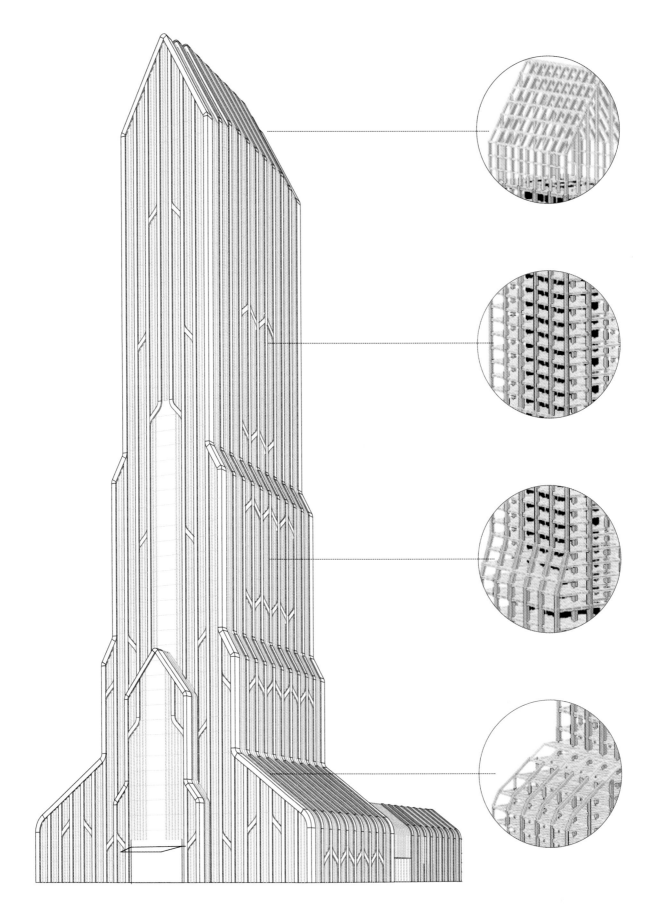

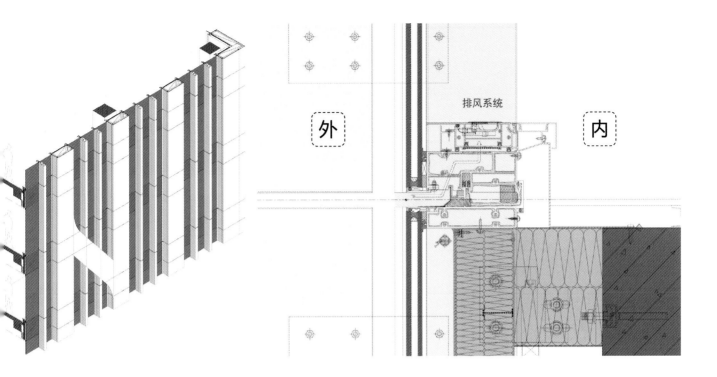

金属构架组成通高的采光玻璃顶，高耸云霄，具有毫无阻挡的360°绝佳视野，形成开阔通透的观光游览区，形成一个精神上的殿堂。置身其间，会有"会当凌绝顶，一览众山小"的感觉，说"登此楼而小天下"，也并不夸张。居高俯视，周围风光一览无遗，可近观车流穿梭的三环线，远眺波光粼粼的府河。这是从外部看此大楼，无论如何想象不到的体验。

长江传媒大厦的空间逻辑简单明了，平面关系清楚明确。主要使用空间围绕中央核心筒布置，东西两侧布置展示厅与绿化，南北两侧为办公区域，比例得当，大小空间收放自如。设计立足使用效率的提高，形成功能与形体的完美统一。

建筑塔楼共进行三次斜面收分。建筑与结构采取一体化设计，结构的外柱跟随建筑外形而变化，形体收分处通过斜柱形成塔楼外围的主体结构，结构逻辑清晰合理，柱网规整简洁，空间通用便于灵活分隔，提升了功能空间的品质。

形态与节能

长江传媒大厦将建筑形态和生态节能有机地结合起来。外表虚实结合的造型语言，既是建筑形象的积极表达，也是减少建筑能耗，节能环保的需要。建筑立面采用了逾50%的竖向的实体金属幕墙，表达一种升腾向上的积极建筑形态。从节能角度来看，实体幕墙以其更为优异的被动节能的优势，减少了建筑能耗，提升空间环境的舒适度。外表皮竖向外凸的线条自然成为遮阳构件，作为东西朝向的建筑，夏季能对东西方向阳光进行有效遮挡，减少热辐射。

建筑幕墙根据建筑造型的特点，采用单元式和构件式相结合的形式。大面规整的部位为单元式幕墙为主，造型收分和相对复杂的部位辅以构件式幕墙。幕墙与主体结构同步施工、工厂加工，现场安装。节点采用雨幕等压原理防水，设计更为科学。在幕墙靠近室内楼面处设计可手动开启的通风对流系统，空调季节封闭，过渡季节启动，形成幕墙换气系统，为室内空间带来新风，提升办公环境的舒适度。

长江传媒大厦还将内部特色空间与绿色生态融为一体。在顶部观光层和空中庭院中将阳光、新鲜空气、水、植物等自然因素引入建筑，创造"类地面自然环境"来减少远离地面对人心理和生理的不利影响，提高建筑整体环境品质。

除此之外，长江传媒大厦还采用了许多其他的绿色技术，如中水利用系统、空调分区系统、智能照明系统等。

绿色是长江传媒大厦设计的主题，在可持续发展的主流思想引领下，将其设计成一座形象突出、环境宜人、绿色生态的超高层办公楼。

结语

　　长江传媒大厦立足于对建筑形体、结构、功能和技术的一体化设计。长江传媒大厦设计以建筑与城市空间关系为出发点，创造具有文化性的公共场所和人性化的活动空间，为城市形象与城市环境的提升做出贡献。以一体化设计为指导原则，整合建筑设计、结构、景观、绿色生态技术等多个方面，进行综合考虑，充分表达建筑语言与场所空间和谐共融的设计概念，实现以整体建筑美学表达最新的超高层设计理论的目标。确保建筑新颖性、时代性和独特性，为办公提供舒适的环境。与生态环境保持密切关联，让建筑拥有持续生命力。

215

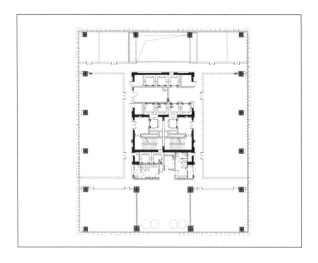
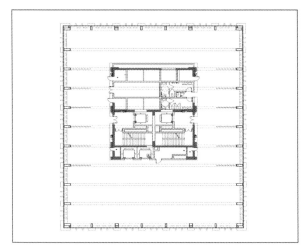
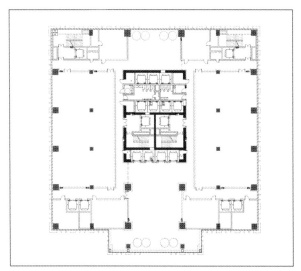
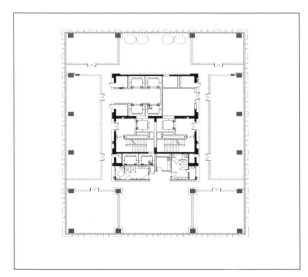
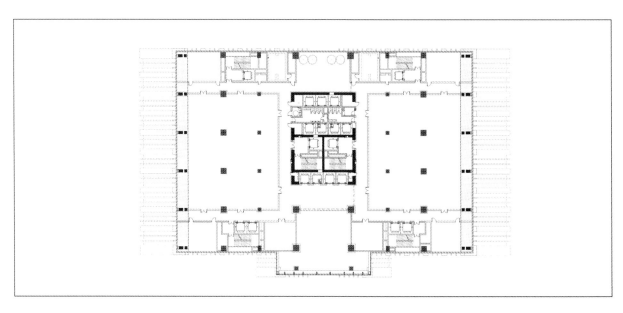

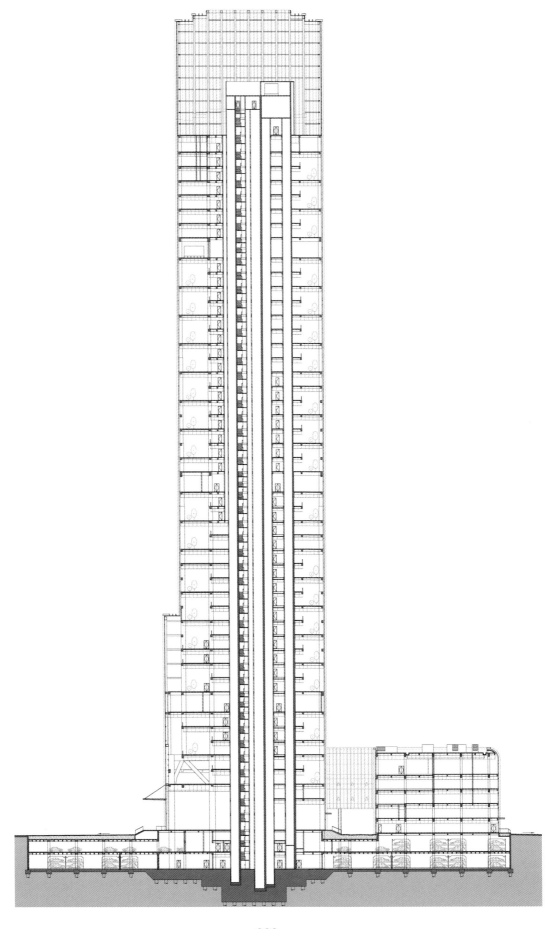

武汉谌家矶体育中心
Wuhan Shenjiaji Sports Center

设计时间：2016.10—2017.01
项目区位：武汉市江岸区谌家矶
建筑面积：556800m²
合作建筑师：郭雷　李鸣宇　高婷　杨坤鹏　孙吉强　张烁　杜鹏　夏尼　陈苗　徐玮

Project Location: Shenjiaji, Jiangan District, Wuhan City
Design Period: 10. 2016—01. 2017
Floor Area: 556800m²
Co Architect: Guo Lei　Li Mingyu　Gao Ting　Yang Kunpeng　Sun Jiqaing　Zhang Shuo　Du Peng　Xia Ni　Chen Miao　Xu Wei

混沌，整合

——谌家矶体育中心规划及建筑概念方案

Chaos, Integration
—Planning and Architectural Concept Scheme of Chenjiaji Sports Center

谌家矶片区位于汉口东部，是武汉市最后一块宝地。通过场馆、配套及片区整体开发。要将谌家矶体育中心建设成为具有国际影响力的顶尖专业赛场，同时推动汉口东部的建设与发展，摆脱相对落后面貌、实现跨越式发展，成为汉口东部崛起的引擎和武汉文化体育新名片。

谌家矶体育中心由专业足球场及其训练场，体育馆及其副馆，游泳馆及其副馆，大型商业、星级酒店及室外运动场地等组成。体育中心定位于主题鲜明、形象突出、尺度宜人，环境优美、功能完善、综合考虑建设与运营的生态型、复合型、服务型现代体育建筑群。将体育比赛活动与赛后运营统一考虑，在满足专业比赛、演艺、主题活动及全民健身需求的同时，创造出武汉的城市新的活力区。

庄子在《混沌之死》中提出了"混沌"的概念。混沌代表的是道，代表的是宇宙的本原，代表的是人类之初。《混沌之死》意思是说，大道本来是浑然一体，无所分界的，宇宙本来是混混沌沌、无有南北的，迷迷昏昏、无心无欲的，可是由于天地的开辟，破坏了大道的同一，由于万物的滋生，破坏了宇宙的混蒙，由于人类的开化，破坏了原始的敦厚。从此大道的同一隐没了，宇宙的混沌消散了，人类的淳朴泯灭了。要恢复宇宙之道，则要回归混沌的状态中去。

"混沌"的概念在当今的建筑设计中也可借鉴，自然界和事物发展中原本的关系不应被人为破坏，应当遵循其自身的规律。谌家矶体育中心设计中采取了有别于常规体育中心的理念和方式。反映体育建筑原本之道，期望形成一个具有"混沌"状态新型的体育中心。

常规体育中心设计理念仅把建筑与设中的各个方面单独考虑，不可避免地会带来碎片化、片面性的问题。建筑与城市、交通、景观、文化等各要素之间的关系难以形成融合交织的整体。局部、微观的视角导致传统体育中心在设计中难免出现各部分相互割裂，各元素难以融合的缺憾。中国传统文化的"天人合一"，和谐一致，中国

老庄哲学所倡导的整体思维、辩证思维、归纳思维、变化思维的建筑思想成为谌家矶体育中心创作的源泉。从"混沌"的整体思维入手，方案设计将视野扩大至整个谌家矶半岛，融合现代美学、地域特征、体育精神、持续发展、后期运营等元素，引入时间生长和空间弹性的概念，从时间和空间两个维度实现，时间上体现生长的理念，空间上体现了弹性的概念。表达创新、协调、开放、共享、绿色的理念，建设综合体育、娱乐、文化、生活的24小时体育活力之城。

回顾体育中心的发展大概经历了三个阶段。第一阶段是传统体育中心，其问题是功能单一，使用效率低，难以形成产业链，难以聚集人气。往往因为投资规模大、使用效率低而成为一次性体育场馆，造成巨大浪费。

第二阶段是复合型体育中心，在功能上较常规体育建筑有了更为丰富的业态，初步形成产业链，但是规模有限，虽然使用频率和时间较传统体育中心而言有所增加，但是使用效率仍然有待提高。

第三阶段为体育活力城，具有以体促商、以商养体的特点，通过高强度的复合时间与空间，形成以体育功能为引擎，向外辐射的全天候24小时活力城。特点是有丰富的业态和集聚的规模效应，交织串联产业如同水波涟漪相互促进，蓬勃发展。最终形成体育活力之城。

音乐广场
Musical Square

商业
ng mall

商业广场
mmercial Square

商业街
Commercial Street

酒店
Hotel

游船码头
Marina

创新——整体统一的思维逻辑

　　湛家矶体育中心的设计运用分析、判断、归纳等方式，发挥用地优势，弥补不足，采用织补城市的手法，形成用地集约、体商互动、整体高效的体育综合体。

　　体育中心南北两侧用地被城市主干道割裂，为了避免对现状的过多干预，规划不调整湛家矶大道线型，设计采取不改路形，不高架，不下穿，而是织补缝合的策略。在空间规划上，使场地内部空间与城市公共空间互相渗透，允分发掘南临长江的视线通廊、西望朱家河的景观渗透的环境优势和北接地铁站的交通优势，自然形成了Y字形规划结构。将被湛家矶大道分割的地块通过Y字形高架平台联系起来，形成统一完整的体育设施，完成了对城市空间的缝合织补。根据地块大小分别设置体育场、体育馆和游泳馆；主要的人流来向集中在地铁和湛家矶大道，因此商业设施集中布置在东北区域，并与场馆直接联系，形成有机整体。北侧地块沿街布置健身馆、游泳馆等，室外运动场地和预留发展用地作为二期建设，给体育中心生长发展提供条件，也为项目的持续发展留有弹性。与Y字形规划结构吻合的，融合绿化观景、慢行系统、配套服务等功能高架平台，实现南北场地内人车分流，形成点线结合、疏密有致、层次丰富、富有韵律的空间体系。并与规划相结合，共同构建完整的城市绿地和绿道系统，实现与朱家河公园、滨江公园、轨道交通的无缝对接。

打造通透的城市界面，沿江布置足球场、体育馆、酒店，形成以足球场为中心，营造高低起伏、错落有致、舒展开阔的滨江天际线。建筑群组中心由北至南穿过景观平台，从而保证了连通城市中心、朱家河、长江的视线通廊。

营造灵动的商业空间：商业功能贯穿于南北地块之间，商业MALL与商业街以过街廊道相连，将地块分裂的南北商业串联起来，为前来健身、观赛的市民提供购物、休闲、观江的场所。

建筑体量集约布置：在西北侧形成开阔的体育公园，与朱家河公园自然衔接。为城市营造一个完整的体育健身公园。

针对体育中心区域车流量多、交通压力较大的特点，动态交通方面采取了两条优化措施：第一，增加江北快速路通往体育中心的匝道，提升通达性。第二，适当提高用地北侧道路等级，加强其与解放大道延长线和三环出入口的交通联系。静态交通根据国际大赛及平时使用需求，采用内外结合的布局，分层设置停车场。基地内设5000辆停车，周边1.5km范围内规划两处大型室外停车场，提供约1万辆泊位。加上引入智能交通

系统，极大地增强了交通疏解能力。体育中心内部采用人车立体分流的理念，高架平台上为人行空间，观众可从城市不同方向到达平台并进入各场馆，规划尽量使每个建筑单体之间的距离都相对均衡，缩短观众到达各场馆的步行距离。车行通道则布置在平台之下，道路系统围绕各个场馆均可形成车行环路，既方便各种车辆到达，也满足消防车通行的要求。

特色商业空间的打造为观众疏散也提供了多样化选择，人们可以选择在赛前和赛后在商业街区内进行交流与聚会活动，将体育赛事活动成功延伸到商业空间中。为了缓解瞬时人车对城市交通压力急剧增加的难题，结合规划布局将观赛人流稀释到商业空间中，形成体育与商业交织渗透、相互促进的共享中心。延长观众赛前赛后疏散的时间，以便缓解赛前赛后交通压力，促进商业开发，改善观赛体验，一举多得。这种符合混沌理念的海绵体式稀释人流方式是目前国际上缓解体育建筑瞬时集中散场人流对城市交通压力最好的理念。

规划依托场馆布局形成体育会展、品牌聚力、水疗养生、主力商业四大体商组团，组团之间通过广场、平台相互衔接，相互融合，产生涟漪效应，形成全新的"体育＋"产业集群，为城市注入活力。

和谐——地域文化的传承发扬

谌家矶体育中心建筑造型采取混沌、融合、整体的思维模式，融现代审美、地域文化、体育精神于一体。"矶"的本意为"大石激水"，造型以"飞流激石"作为创作构思。采用具有雕塑感的造型，塑造出刚毅、强劲的视觉效果。造型以整体化的设计手段，以全新的造型方式将抽象的建筑语言与建筑、结构、空间、绿色逻辑进行多元整合，将造型、结构、幕墙，以及节能技术、泛光照明整合于一体，并利用建筑自身特点实现绿色节能。

足球场是谌家矶体育中心最主要的单体建筑，在整个体育中心起到统领的作用。足球场折面建筑外形与空间折板网格结构体系、幕墙系统融合一体，为观众环厅提供了无柱的空间体验；内倾的建筑外墙形成自遮阳体系，可减少约30%的热辐射；倾斜的建筑屋盖和立面与光伏发电、冷雾降温融为一体，提供绿色能源、适应武汉夏季炎热高温的气候；开合屋盖是建筑造型的有机

组成，选用技术成熟、经济可靠的空间平行移动式活动屋盖系统。满足体育竞技、全天候多功能使用的基础上，延伸开合屋盖的轨道，是活动屋盖移动范围可扩展到体育场南侧馆外观江平台，提供了量身定做的遮阳避雨的室外集会空间，将开合屋盖的功能得到进一步延伸。利用观赏沿江风貌和城市景观的玻璃幕墙整合了LED，形成媒体屏。结合激光镭射、夜景泛光等设计，为商演、博览等城市活动提供前所未有的视觉盛宴。

谌家矶体育中心的体育馆、游泳馆、商业、酒店的建筑造型手法与足球场一脉相承，整组场馆建筑形体赋有动感。采用"和而不同"的原则，造型元素统一又富于变化，体现了"飞流激石"的地域特色。

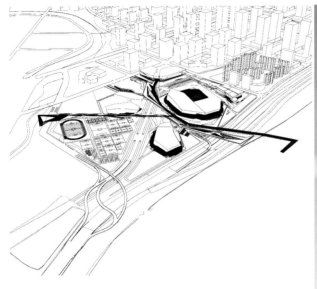

开放——活力嫁接的体验空间

针对传统体育建筑赛时、平时功能单一、体验匮乏的问题，总体上提出一套城市体验地图的设想，将空间体验与商业运营结合起来，形成活力嫁接的体验空间。致力于带给观众更佳的互动感受和更多的体验，从而使体育中心成为充满活力的城市空间。

在场馆单体上加强平面和垂直两个维度的空间规划，为了满足不同观众不同层次的观赛需求，场馆根据观赛效果将看台划分为若干区域，提供了VIP、互动观赛、商务观赛、俱乐部、包厢等多种类型的观赛体验，将看台价值最大化。内场包厢外看台降低高度，保证不遮挡

包厢中球迷的视线，以便获得更好的观赛体验。看台后部除了布置传统的卫生间、楼梯间之外，还提供了商业、会议、宴会、展览、球类运动等多种用途。赛时赛后可利用的商业面积可达6万m²，为球场带来可观的经济收入。

足球场有临江的地理优势，沿江设特色空间，引入俱乐部加观江平台，将体育场馆由封闭走向开放，使内场的观众也可看到江面的景色，感受到临江足球场的独特魅力。

基于对市场需求的判断，将任务书要求的非专业热身馆设计为多功能健身馆，有多片篮球、网球、羽毛球等场地，与室外运动场一起为市民提供全天候的休闲锻炼场所。健身大厅规整、方正，还可以作为小型展销会、宴会、发布会等用途。

结合市民对水上运动的热爱，游泳馆利用空间高度将两片训练池巧妙分隔为成人健身池和儿童游乐场，并与室外戏水池组合成一年四季使用的嬉水乐园，同时提供特色水疗、SPA等养生配套设施，使各个层次和年龄段的顾客都可以获得不同的健身、休闲体验。

商业设施布置在商业价值最大的地块，采用商业主力MALL、商业街相结合的方式。商业MALL以L形布局，围合成一个共享的城市音乐广场。商业街结合平台、庭院营造出热闹并充满活力的城市共享空间。滨江酒店的大堂、餐厅、会所、主要客房均沿江展开，实现对一线江景的最大利用。

共享——平赛结合的完美升华

设计在满足专业比赛的同时，兼顾赛后利用的方面做足了文章。场馆用房尽量方正、利于使用，将功能相对固定的运动员区、裁判区、卫生间、淋浴间等放在内侧；有变化可能的办公、热身、运营等功能用房布置在外侧，且设计为便于灵活分隔的大开间，可分可合，利于后期拓展。

足球场除了满足竞赛要求，赛时将提供更多的国际化、人性化的功能配置。贵宾区设绿色中

庭，组委会区设男女球童休息室；运动员区设轻餐区、热身区、SPA区；媒体区设阶梯式新闻报告厅、茶歇区、互动交流区等。平时可分为体育孵化、教育基地、商务会展、体育娱乐四大功能板块，方便独立使用，也可综合利用、灵活转换。一层靠近内场通道处设有直接对外的卫生间，方便比赛、演出、集会、展销等多种用途时内场观众使用。

体育馆40m×70m的场地可灵活转换为篮球、冰球、排球、羽毛球、体操等各项体育活动场

地，赛后从事演唱会等经营开发。副馆可独立面向公众开放，提高使用效率。周边辅以品牌商店、体质检测等功能用房，实现一馆多用。看台视线设计采用规范中的最高标准，拉近观赛距离的同时提升观赛氛围。专业的建筑声学、比赛照明设计，为比赛及各类活动提供高品质的视听环境。

绿色——持续发展的永恒追求

谌家矶体育中心在绿色设计策略中，贯穿总体到单体全过程。总体运用全新的空气学原理进行场馆布局及外形的设计。总体布局与建筑造型符合空气动力学原理，整个场地形成利于空气流通、降低热岛效应的流场；体育场沿江面的开口迎合了武汉夏季主导风向，经过场地及场馆气流模拟分析，在建筑临江开口与开合屋盖的综合作用下，可以实现对气流的主动引导和控制，改善场馆内外的风、热环境。

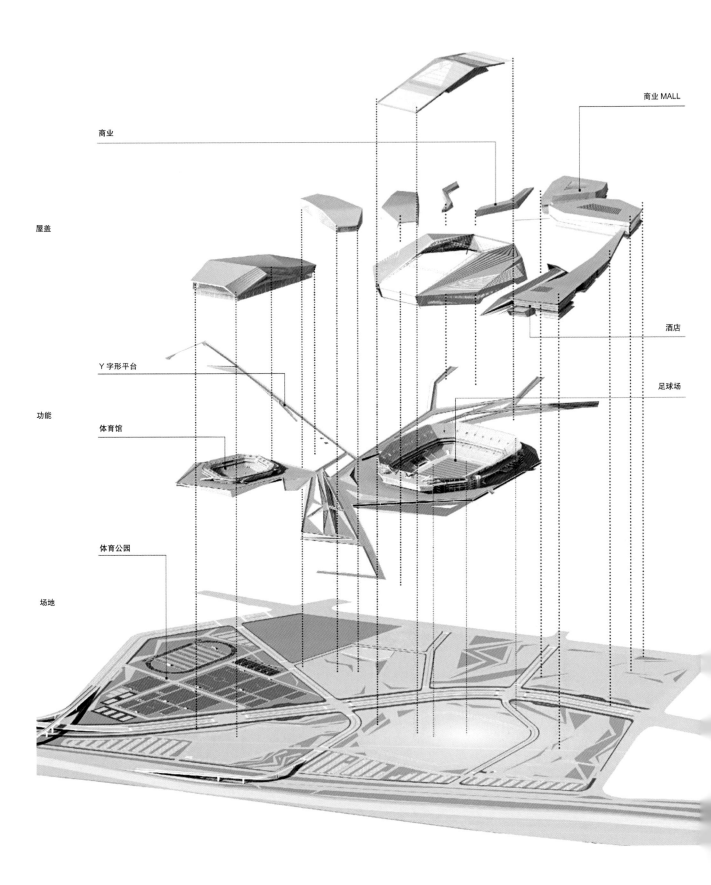

商业 MALL

商业

屋盖

酒店

Y 字形平台

足球场

功能

体育馆

体育公园

场地

响应海绵城市的国家战略，因地制宜地采用数字分析、生态修复、综合管廊等策略，实现体育中心健康发展。依托长江、朱家河设计的生态湿地、结合绿化的下沉式绿地、整合广场和步行道的渗水铺装、综合室外运动的雨洪式运动场，构建"人工场地-景观水体"的"海绵"体系。

针对场馆布局，量体裁衣构造园区能源总线，引入分布式区域供能系统，依托规模优势及单体建筑能耗差异，实现冷热电三类基本用能在建筑之间有序分配，最大限度地提高用能效率。结合综合管廊的建设，统筹各类管线规划、建设和管理，促进城市集约高效和转型发展。

结语

　　谌家矶体育中心规划和方案设计，在东方哲学整体思维的启发下，运用混沌、整合的理念，进行新的尝试与探索。在总体上综合城市环境、体育建筑、文化氛围、商业街区、景观绿化、快行交通、慢行系统、运动场地、观江平台、人员疏散等构成要素于一体，形成彼此联系、综合利用的有机整体。在单体上整合建筑造型、空间塑造、结构选型、设备配置、泛光照明、光伏发电于一体。模糊诸多设计元素的界限，融合互通，高效利用。新的体育中心将以其鲜明的建筑造型，优越的功能特性，以及文体娱结合，全周期运营的理念，体现了新型体育活力城的概念。

武汉五环体育中心
Wuhan Wuhuan Sports Center

设计时间：2016. 03—2017. 07
竣工时间：2019. 04
项目区位：武汉市东西湖区
建筑面积：144160m²
结构形式：钢结构、钢混框架结构
合作建筑师：范天宸　郭雷　杨坤鹏　温绍力　李鸣宇　吴永超

Design Period: 03. 2016—07. 2017
Completion Time: 04 2019
Project Location: Dongxihu District, Wuhan City
Floor Area: 144160m²
Structure Type: Steel Structure, Steel-concrete Composite Structure
Co Architect: Fan Tianchen　Guo Lei　Yang Kunpeng　Wen Shaoli　Li Mingyu　Wu Yongchao

紧凑而高效的综合性体育中心

——五环体育中心

Compact and Efficient Comprehensive Sports Center

—Wuhuan Sports Center

五环体育中心位于武汉市东西湖区，是武汉第七届世界军人运动会唯一新建的大型体育中心。建设用地位于东西湖区吴家山，临空港大道以西，金山大道以北，马投潭公园以东。总建筑面积144160m²，由一场两馆组成，其中包含30000座体育场，8000座体育馆，1000座游泳馆，以及停车场和平台及其配套服务设施。

多元综合的功能定位

　　五环体育中心功能定位是满足2019年第七届世界军人运动会和2021年武汉市第十一届运动会以及其他国际、国内单项体育赛事，并兼顾文艺演出、集会、展示、全民健身等综合利用的要求，是集城市公共空间、休闲运动功能于一体的综合型体育中心。

　　体育中心作为城市功能的重要组成部分，应该顺应城市和区域发展的需要，尽可能承办多种体育赛事，并兼顾全民健身的需求。设计立足于体现东西湖临空经济区"腾飞发展"的主题，体现"创新、和谐、绿色、开放、共享"的核心思想。通过合理的规划，增强可达性、聚集人气，完善与体育相关的配套服务，实现服务增值。结合全民健身、赛后运营、智慧城市等理念，将五环体育中心建设成业态丰富、功能齐备、多元综合的新型体育服务综合体。

和谐整体的设计理念

　　在五环体育中心的设计中，秉承"整体分析，具体把控，完美融合"的设计思路，从规划、环境、运营、造型等多方面进行综合考虑，使之成为城市发展的新触媒、城市空间的新节点，体现和谐整体的设计理念。

　　从城市规划方面：将不同功能的场馆集约布置，合理组织各种流线，充分体现"综合、多元、高效"的设计思想。结合体育运动、全民健身、和谐生活等理念，力图将五环体育中心塑造成为绿色、开放的体育公园。

　　从城市环境方面：注重体育中心与周边环境的协调融合。运用城市织补的手法，从西侧安静开敞的马投潭公园逐渐过渡到东侧熙熙攘攘的城市街区，完成了城市空间体系的缝合。

　　从场馆运营方面：建筑设计注重功能组合的多元以及空间组合的弹性，采用"多元综

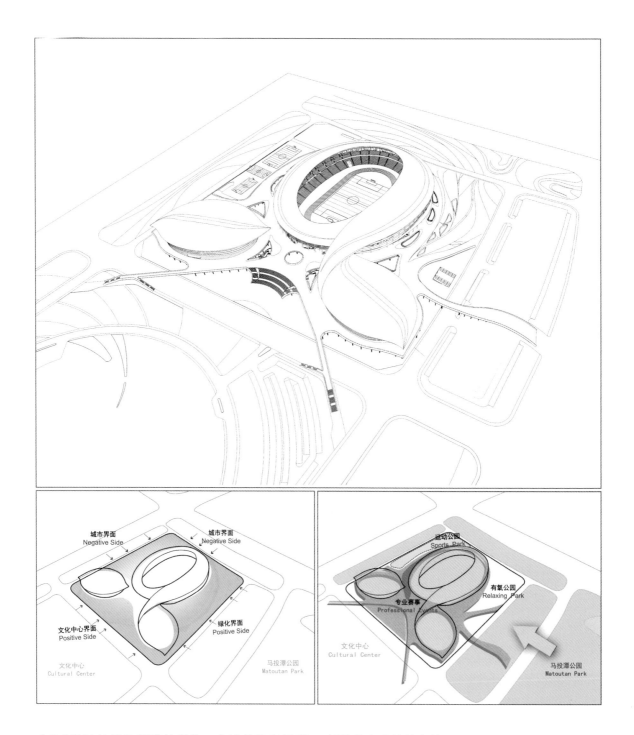

合""场地转换"等设计思路，在满足比赛需要的前提下，为赛后利用提供条件。

从建筑造型方面：建筑造型浪漫飘逸、如云似水，具有拔地而起、向上腾飞的动势。通过现代、简洁、整体的建筑语言，使各场馆之间连为一体。以灵动舒展、具有视觉冲击力的完整形象彰显体育建筑的个性。

从整合集成方面：综合结构、设备、材料等技术要素，整合建筑、结构、机电、景观、声学一体化设计，将建筑造型与形式美、功能美、装饰美、结构美融为一体。

集约紧凑的规划布局

五环体育中心主要由四个部分组成，分别为体育场、体育馆、游泳馆，体育公园。场馆之间配以适量商业，商体互补的功能组合有助于体育产业的发展。

由于用地局促，总体规划采用"中轴对称""一核两点"的整体格局。以体育场为中心，体育馆、游泳馆沿北侧道路环抱左右，以合围之势与地块对面未来的文化中心相呼应，形成城市区域完整的文体主轴与集散广场。在东西两侧留出开阔的场地。设计尽量采用集约紧凑的品字形的布局方式，化解了场馆规模与狭小用地的矛盾。为了尽量解决品字形布局带来的形象呆板问题，按照"均衡对称"原则，对称中寻求变化，变化中寻求对称。体育场西高东低，体育馆和游泳馆则东高西低，体育场与游泳馆连为一体，气韵连贯，恢宏大气。通过错位空间组合，建筑群体呈现动态、均衡对称的特点，在动态平衡中富于变化。

体育中心的界面以北侧为主，面对北面建设中的文化中心布置城市广场，形成开放通透的城市空间。体育中心通过步道天桥与文化中心连为一体，获得整体统一的城市形象。

东侧布置商业步行街。通过流畅的形体面对东面城市道路，形成有序、舒展的城市界面。以运动为主题的配套商业步行街串联了北侧主入口和东侧体育运动场地。步行街中设置了若干绿化庭院和休闲广场，整合资源提升人气的同时方便了市民的进入，同时丰富了临空港大道的沿街景观。篮球、门球、羽毛球等各类室外体育运动场地与步行街结合布置，有利于满足市民的健身需求，增加了人气，使其成为具有附加值的活力空间。

西侧通过高低起伏、自然流畅的绿化缓坡将马投潭公园的景色引进体育中心，绿化缓坡与观众入口架空平台上的绿化融为一体。缓坡之下设有覆土地面停车库，在有限的用地上实现了公园和停车两种功能。缓坡上开设形状自由、大小组合的若干开口，解决停车库自然采光和通风的问题，节约用地，降低造价。

场地设计因地制宜、讲究秩序，强化了整个城市规划的肌理格局。体育公园作为整个规划重要组成部分，设置有球类健身区、极限运动区、青年活力区、儿童主题区、老年休闲区五大主题，通过步道、绿化、广场等室外元素的组合，营造活泼、生动、开放的体育公园。

体育中心周边交通状况良好。南侧和西侧道路交叉口处规划有轨道交通站点。四周的道路上均设有公交站点。整个体育中心内部交通流线采用人车分流的设计原则。车行流线以西侧为主，北侧为辅。同时利用地形和架空平台将车行道路和停车场布置在平台和缓坡之下，赛时通过交通管制，将观众车流引导至马投潭公园东路方向，由此进入场地西侧的公共停车场。贵宾、运动员、新闻媒体、赛事工作人员等内部车辆由新城一路进入，再通过平台下车行道路抵达各个场馆。布置在平台之下车行通道围绕各个场馆均可形成环路，既方便各种车辆到达，也满足消防车通行的要求。每个场馆周边均按照赛事要求设有运动员大巴车位、贵宾车位、新闻转播车位和若干小型机动车停车位。在场地东、西两侧设有集中停车场。集中和分散相结合的停车场布置方式，可满足赛时、平时不同停车需求，快速转换，方便快捷。

规划将各建筑单体通过架空平台串联为有机统一的整体，平台上为人行空间，观众通过广场、绿化缓坡等从东、南、西、北四个方向到达平台，再由平台进入各个场馆，实现人车分流。集约高效，流线明确，同时也为场馆提供了良好的疏散条件。

五环体育中心采用集约紧凑、和谐有序、以人为本的规划布局，实现经济效益、社会效益和生态效益的最大化。

自然生动的景观设计

景观设计以自然、生动、和谐为原则，在水平和垂直两个维度加以考量。水平维度上尽可能在狭小的用地上增加绿量，垂直维度上结合地形和建筑架空平台形成高低错落、起伏有致的景观空间。广场、绿地延续建筑的流动线条，与建筑形成有机联系。利用绿化缓坡使场地与建筑相融合，实现空间互补与共享。整体环境自然流畅，既规整有序又不乏活泼自由。整个体育中心形成集运动健身和游乐休闲于一体的体育公园。

运用土方平衡计算和建筑竖向设计有机结合，充分减少土方量，达到土方平衡。根据测量资料，若采用常规设计，土方量为14万m³。规划中有机地结合地形，针对场地的标高和现场条件，调整竖向标高，采取抬高室外场地标高与建筑正负零，以坡道、台阶连接不同的场地标高的策略，设计优化后土方减少到8.6万m³，实现了很高的经济性。

观众架空平台上点缀花池，种植高大乔木实现了媲美地面的景观，与地面绿化景观形成空间层次上的呼应。开设了若干大小各异的异形采光口，给平台下引入了阳光、空气和绿色；消解了原本阴暗、潮湿、呆板的不利因素，加上下沉式庭院绿化景观的布置，将此地打造成为人们可以停留的积极空间；有效地提升了体育中心的景观空间效果，整个平台下的空间顿显生动活泼，完成了从消极空间到积极空间的转换。体育中心还利用覆土绿化为观众提供舒适的室外休憩、游乐、健身空间，尽可能在有限的用地上争取到更多的绿化空间。规划设计了大量坡道和天桥，使城市绿化带与体育中心绿化景观空间联系得更加紧密，让绿化景观得以延伸。

体育中心利用景观坡地和架空平台，将绿化、停车和建筑结合起来，使整个场地成为一个有机的绿色建筑整体，通过下沉式绿色景观庭院、架空平台绿化形成立体绿化景观，丰富了体育建筑室外空间效果，整个体育中心显得生机勃勃、绿意盎然。实现了体育中心与城市公园的完美融合。

突出地域文化的建筑形态

体育中心的建筑形态设计从地域文化和运动元素入手，结合场地和周边环境，设计出具有文化内涵并与环境协调的建筑造型。水文化是武汉特有的地域文化，它轻盈、灵动、流畅、活泼、浪漫的特质与荆楚文化一脉相承，也是现代体育运动的最佳体现。运动中动感、升腾、速度等元素已成为体育建筑造型语言的新思路。一个具有水波荡漾和飘带舞动的轻巧动感的建筑造型最适合狭小局促的用地条件。设计可以从两方面来实现这个目标：一方面，建筑外形体具有轻巧、动

感的气质；另一方面，选取轻巧的结构体系也能给建筑带来轻量感。体育中心从城市整体环境设计出发，通过现代、简洁、流畅的建筑语言，结合荆楚文化崇尚自然、浪漫奔放、兼容并蓄、超时拓新的文化特征，屋顶造型宛如腾空欲飞的凤凰之翼，体现出拔地而起、迎风欲飞的建筑动态，表达荆楚建筑灵动、飘逸、和谐的美学特征。建筑立面造型采用玻璃幕墙和穿孔铝板作为外围护结构，空灵、动感的建筑形象极具独特的东方审美情趣。建筑具有写意、浪漫、轻盈、通透的特色。

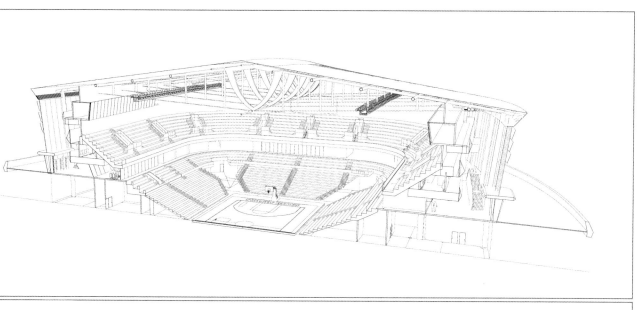

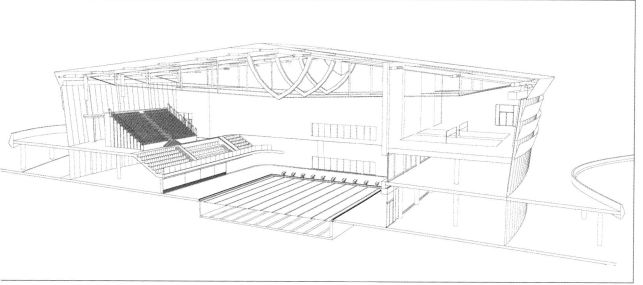

体现整合一体的建构体系

体育建筑大跨度无柱的空间特色，决定了屋盖结构体系是设计需重点考虑的部位。结合体育场的造型特点，屋面采用轮辐式索承空间网格结构体系，呈现在观众眼前的是整齐、均匀、轻巧的空间效果，结构构件布置富有韵律，具有结构力学美感。结合飘逸的屋顶造型，给人耳目一新的视觉感受。

体育馆和游泳馆的梭形天窗是建筑造型的亮点。如何将建筑的外形转换成结构的受力体系是设计的创意所在。设计沿场馆梭形天窗之下设置

了一组具有韵律的龙骨形的主受力结构构件，并以钢索将其绷紧在周边的弧形环梁上，支撑屋盖的结构形成量身定制的独特的预应力张弦网格结构。结构体系与建筑外观高度吻合，整合一体，整个比赛大厅空间高大、界面完整，配合屋面张弦网格结构的视觉张力，极富韵律。天窗结构之间增加了全遮蔽电动遮阳百叶系统，将采光、遮阳、结构融为一体，在采光与遮蔽之间自由转换，营造出简洁纯粹、浑然天成的室内空间。自然光线的引入能够节约大量人工照明费用，也能够为人们提供心情愉悦的健身环境。全遮蔽的遮阳满足了赛事转播的需要，满足比赛和日常多功

能使用的需求。屋顶梭形采光天窗的设计在美化空间效果的同时节约了场馆运营成本。更为难得的是建筑结构一体化体系还比常规的桁架结构节省了20%的用钢量。体育馆和游泳馆天窗的造型是典型的整合一体的建构体系，融建筑采光功能、室内灯光、电动百叶、检修马道、结构承载于一体，实现了多专业的整合设计，将建筑形式美与功能美结合起来。

五环体育中心的立面造型语言将具有地域水文化意象的飘带造型与遮阳、雨篷的功能结合起来，体现设计产生价值的理念。采用通透的玻璃幕墙和穿孔铝板作为外围护结构，有别于传统体育建筑崇尚力量的结构美学，追求轻巧、通透的技术美学，形成具有的空灵、动感的建筑形象，极具现代审美的视觉效果。穿孔板的设计兼顾了遮阳的功能。除此之外，飘带在体育场的东西入口处水平翻起，自然形成建筑入口的雨篷。立面飘带将造型语言和使用功能融为一体。

体育馆和游泳馆立面设计中，将外挂穿孔铝板体系与玻璃幕墙体系合二为一，整合成一个体系。这套体系技术难度高，首次运用在体育建筑之中。采用双层穿孔铝板将泛光灯具隐藏于其中，实现飘带内外视觉效果的美观统一。将幕墙、飘带、遮阳及泛光四位一体，实现了建筑极致通透的效果，也反映出荆楚文化恢宏与空灵的神韵。建筑造型融结构支撑体系与表面围护系统于一体。

为了追求纯粹极简的立面视觉效果，避免玻璃面上杂乱无序的新风和排烟百叶是精细化设计要考虑的重要问题。采取的办法是在屋面檐口下部设置一圈特殊处理的环状通风带来解决设备的需求，保证建筑外形整洁有序。

五环体育中心充分挖掘结构形态自身的美学潜力，创造出形态轻盈、条理清晰并极富表现力的建构体系，实现建筑整合一体的设计理念。

实现弹性转换的平面布局

作为区一级的体育中心，五环体育中心平面设计中最大的特色是兼顾体育赛事和日常的市民健身。除了满足体育赛事之外，设计的重心也要放在平时作为全民健身中心对外开放经营上。现代体育建筑从传统单一化的功能转向复杂的体育综合体，更加注重功能组合的多元以及空间组合的弹性。弹性可变也是设计中重点考虑的因素，这是保证日后营运灵活性、多样性的必要条件。除了考虑常规的利用活动座椅实现场地转换的弹性之外，配套用房的灵活处理也是一个重要的方面。

体育中心三个场馆的平面设计均体现"灵活弹性、可分可合"的理念。采用内外分层的平面布置方式，将相对固定的、不变的运动员区、裁判区、卫生间、淋浴间等放在内侧，接近比赛场地。而将功能相对可变的办公、热身、运营等用房布置在外侧，设计为便于灵活分隔的大开间，赛后可改造为全民健身场所。

体育场的功能：一层主要为贵宾区、运动员区、热身区、媒体区、竞赛管理及裁判区、运营管理区、配套服务及设备卫生间等服务用房；二层为贵宾大厅、观众看台、包厢、评论员室及控制室、售卖、卫生间等用房；三层为观众卫生间和设备用房；看台层为高区观众座席。在比赛后，除满足比赛功能必需的房间外，其余的房间结合赛后运营来使用，提高房间的使用率，降低后期管理成本。

体育场平面功能在充分满足体育赛事的基础上，注重与平时的多功能使用的结合，同时为观众提供更好的观赛体验和人性化的服务。为此设计采取了以下策略：在西北角和东南角靠近比赛场地设有直接对外的卫生间，比赛时可供工作人员、运动员使用，文艺演出、集会、展销会时可供内场人员使用，平时还可供游客、健身锻炼人群、商业人流使用，一举多得。运动员更衣室引入国际流行的合用理念，两套运动员更衣室可分可合，为不同赛事、不同球队的使用提供了最大的灵活性，更节约了房间的面积。东看台之下布置停车库，与配套服务用房、室外运动场地结合紧密，集约高效。满足平时商业步行街运营时停车的需要。除了常规贵宾包厢之外，还设有商务观赛用房，设有专门的服务通道，提高了观赛体验的层次，也为体育场增加了运营收入。观众环厅与比赛场地之间采用无隔断设计，观众在环厅内就可以感受到比赛的氛围。观众卫生间的位置也尽可能与看台通道对应，方便观众使用。

体育馆功能设计采用"多元综合"的设计思路，确保体育馆最大的灵活性和适应性，将主副馆打造成可以彼此连通、综合利用的有机整体。副馆设于主馆西侧，有独立出入口及交通组织流线，可独立对外运营。平时市民健身的门厅，赛时可作为贵宾门厅，提高使用效率。体育馆主馆场地设计以确保最大的灵活性、适应性为原则，确定为40m×60m的尺寸，通过"场地转换"，可举办各种球类比赛及摔跤、举重等多项赛事。体育馆中若干个上下贯通的中庭形成大小适宜的小空间，方便赛后作为健身中心对市民开放使用。二层商务观赛区及贵宾包厢的设计，提升了观赛体验的同时增加了经济效益，除专用赛事房间外，配套服务用房赛后可独立管理运营。

体育馆的功能为：一层中部为贵宾区，设有贵宾入口门厅、贵宾接待室、贵宾休息室、多功能区等服务用房；西面外圈北部为竞赛管理及裁判区，设有入口门厅、竞赛办公用房、裁判休息室、卫生间更衣淋浴室等服务用房。西面外圈南部为媒体区，设有媒体入口门厅、媒体办公室、图像媒体及文字媒体、电视转播机房、卫生间等服务用房。西面内圈为运动员区，设有运动员门厅、运动员更衣淋浴室（4套）、领队休息室、训练健身区、兴奋剂检查区、赛后控制中心等服务房间；南面为运营管理区，设置场馆运营管理办公、消防安防设备、卫生间等服务房间；北面为室内热身区，设有热身球场、健身区、器械库、卫生间淋浴等服务用房。热身区可结合赛后运营使用。东面为停车区和配套服务区，外圈设置配套服务用房可结合赛后运营使用。二层为观众门厅、观众看台、包厢、商务观赛、售卖、卫生间等服务用房；三层为观众看台、售卖、卫生间等服务用房；四层为观众看台、小球室及卫生间设备等服务用房；局部夹层为评论员室及技术管理用房。

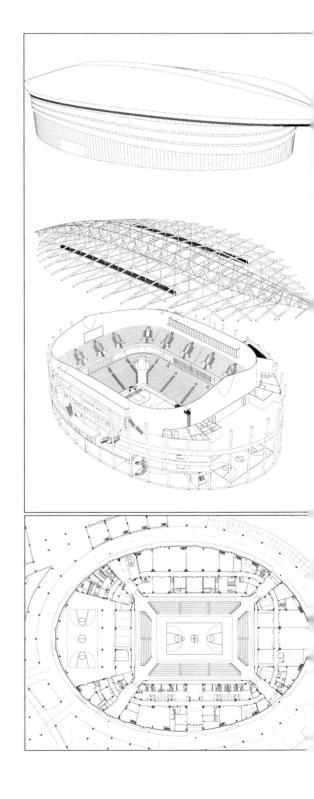

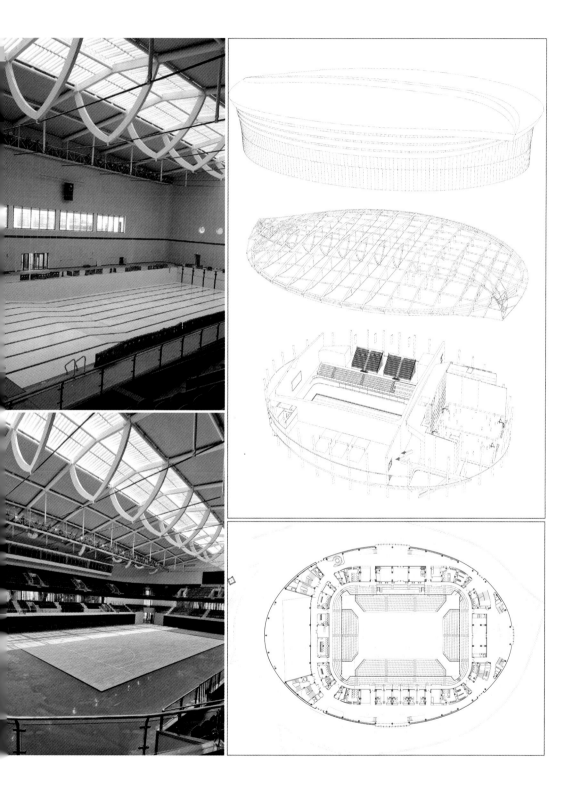

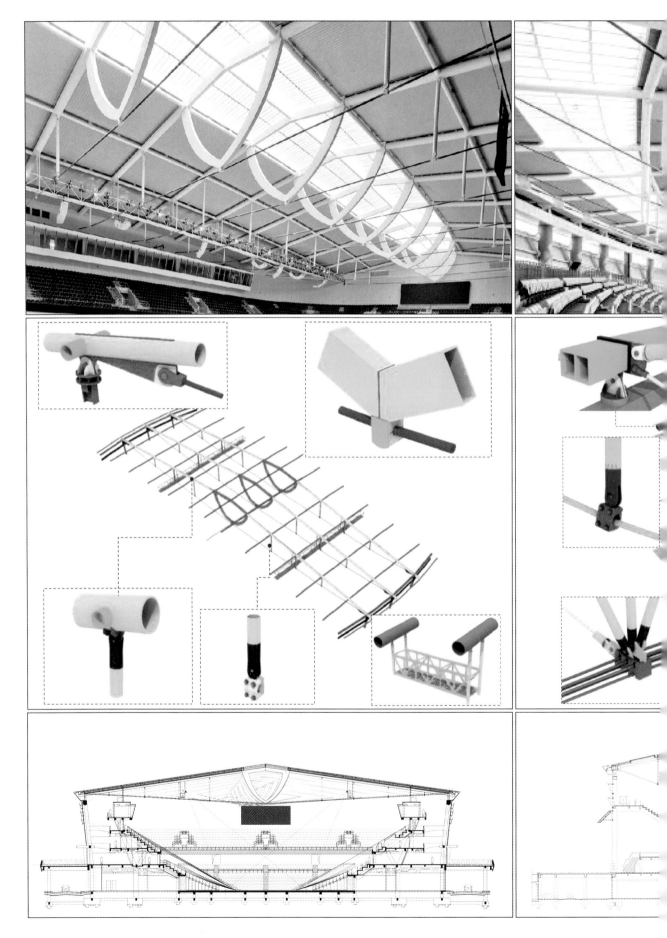

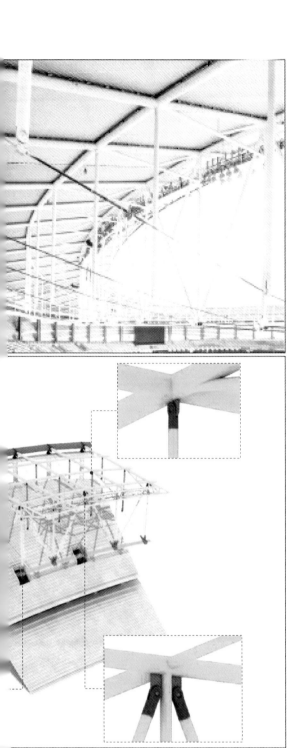

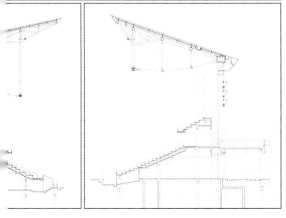

游泳馆功能设计以"空间通用"为原则，提高对多种功能的兼容性。游泳馆分区灵活，游泳池区域与其他功能用房可分区开放，利于赛后独立管理运营。观众区的活动座椅可伸缩移动，腾出使用空间，可根据不同的赛事活动灵活布置。

游泳馆的功能为：一层主要为贵宾区、运动员区、裁判区、媒体区、竞赛管理用房、技术用房、游泳比赛池、训练池、戏水池、卫生间更衣室等服务用房；二层为观众门厅、观众看台、健身区、展示区、售卖及卫生间等服务用房；三层为体育展示中心、健身区、设备等服务用房。赛时贵宾门厅和平时健身门厅合二为一，训练池、戏水池安排在一起，为赛后运营提供便利条件。观众大厅布置可旋转、收纳的活动座椅，可兼容观看游泳比赛和举行其他体育活动、举办小型展会等多种功能。利用空间高度要求的不同，将篮球馆设于训练池的上方，提高空间使用的效率。

体育馆、游泳馆还利用活动座椅实现场地的灵活转换，以适应文商娱多种活动的需要。

五环体育中心的三个场馆通过具有弹性的、可转换的平面布局，实现了赛时赛后的多功能使用，为满足比赛和兼顾平时运营提供了条件。

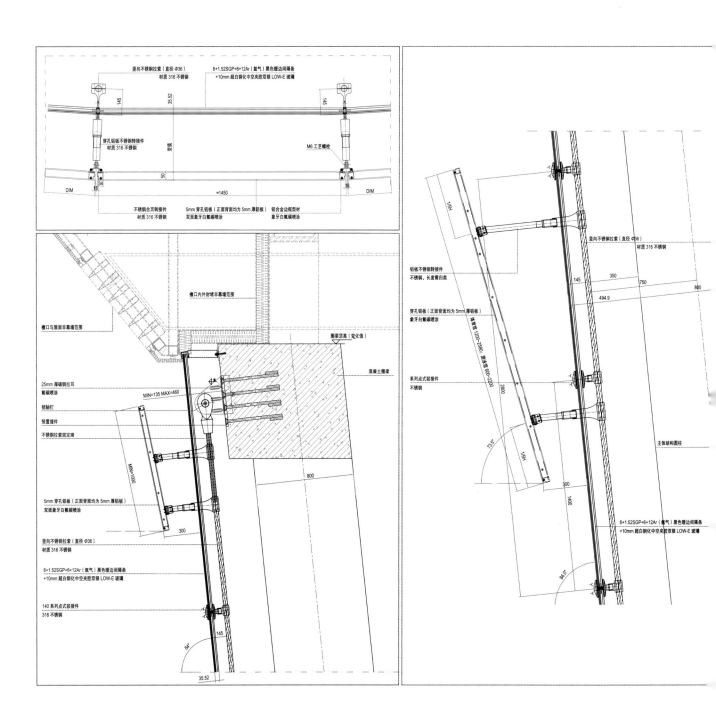

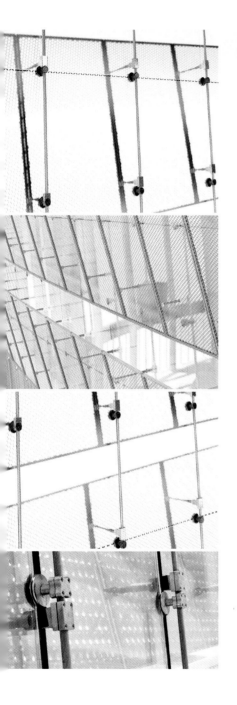

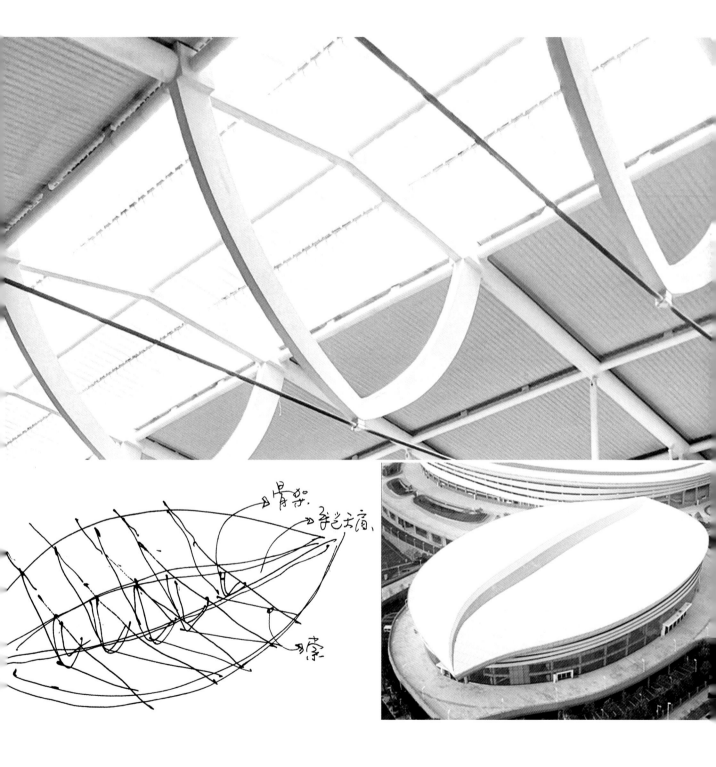

267

高雅简洁的室内空间

五环体育中心室内风格定位于高雅、简洁而具有文化品位的现代体育场馆空间，运用现代建筑语言创造便捷舒适、美观实用、室内室外一体化的特色空间。特色空间尺度宜人，舒适美观，简洁实用。

简洁通透的幕墙是室内外空间限定的界面。从观众体验的层次感出发，结合观众进场流线内部空间的设计表达出两个层次的空间感悟：首先观众从室外平台进入场馆的室内大厅，观众可以体验到建筑室内大厅与室外相互交融的氛围。悬索玻璃幕墙使得整个观众大厅简洁、通透，室外景观一览无余。阳光通过门厅上部的穿孔遮阳板，在室内形成漫射光，改善室内光环境质量。可以舒缓观众的心情，这也是传统东方朦胧美学的体现。随着光影的变换，穿孔铝板在室内形成若实若虚、似有似无、光影斑斓的朦胧效果，营造出美轮美奂如梦似幻的建筑意境。当观众到达比赛内场，呈现于眼前的将是一个完整、高大的比赛空间，观众可以全身心地投入到观看精彩比赛的状态。设计将自然美、建筑美、空间美的表达结合于一体。

五环体育中心室内采用与外观造型一致的设计手法和色彩，实现室内室外一体化的设计追求。

总之，五环体育中心贯彻体育运动、全民健身、和谐生活的理念，将体育中心打造成为紧凑而高效的综合性体育中心，同时成为绿色、开放的体育公园。

269

乌鲁木齐奥林匹克体育中心
Urumqi Olympic Sports Center

设计时间：2016. 11—2017. 07
竣工时间：在建
项目区位：乌鲁木齐市米东区
建筑面积：305700m²
结构形式：钢结构、框架结构
合作建筑师：叶炜　姜翰　郭雷　钱华　李鸣宇　程凯　沈湲杰　万亚兰

Design Period: 11. 2016—07. 2017
Completion Time: Under Construction
Project Location: Midong District, Urumqi City
Floor Area: 305700m²
Structure Type: Steel Structure, Frame Structure.
Co Architect: Ye Wei　Jiang Han　Guo Lei　Qian Hua　Li Mingyu　Cheng Kai　Shen Yuanjie　Wan Yalan

丝路明珠　乐活新城

——乌鲁木齐奥林匹克体育中心

Silk Road Pearl LOHAS New Town

—Urumqi Olympic Sports Center

　　新疆维吾尔自治区位于亚欧大陆中部，占中国陆地总面积的1/6，幅员辽阔、地大物博、山川壮丽、瀚海无垠、古迹遍地、民族众多。对建筑师来说，能在新疆设计奥林匹克体育中心是一份荣耀，也是一次挑战。

　　乌鲁木齐奥林匹克体育中心是面向新世纪着力打造的重要的文化体育设施，建设用地位于喀什路东延以南，会展大道二期以东，西邻欢乐谷，南邻乌鲁木齐会展中心综合医院。用地面积约为41万m²，可建设用地面积约为32万m²。体育中心包含一座3万座体育场，1.2万座体育馆，1500人游泳馆，全民健身馆，综合田径馆，运动员宾馆和体育公园。

　　功能定位上统筹全市的体育场馆，采取差异化策略。形成与现有新疆体育中心、红山体育中心、米东区文体中心、冰上运动中心四大场馆"功能互补，和而不同"的格局。力争将整个区域建设成一个具有专业水准集体育赛事、体育培训、全民健身为一体的一站式全天候体育休闲商业综合体，成为市区最大的体育中心。

　　建筑与环境，建筑与城市，建筑与技术，是设计一直关注的话题。

　　"驼铃古道丝绸路"是最具代表的新疆特色。设计从整体区域和自然环境的视野出发，从当地风貌景观中提炼出规划的构思和建筑的形态，同时加以升华，力图使环境与建筑在视觉艺术上融为一体，使新疆的地域特色在建筑语言上得以展现。整体造型简洁流畅，表达出丝绸之路的跨越时空和体育运动的律动腾飞。

　　设计希望充分体现"综合性、多功能、高效益""以馆养馆"的思想，针对并不富裕的用地，整体布局立足"多元整合、集约高效"的设计思路，规划设计以"多馆融合、平赛结合"的布置方式，体现国际化的运营思路，所有场馆既相对

独立又互为融合，可实现赛时统一调配，承接高水准赛事，赛后独立运营，实现以馆养馆。以体育场和体育馆为中心，高效整合多种功能，使运动员宾馆、田径训练馆、游泳馆、全民健身馆多馆合一，功能互补。利用上游产业链的所有赛事资源，承办现有体育中心无法举行的大型国际国内赛事，包括职业联赛、国际重大体育赛事、大众体育赛事等。体育中心希望将运动场馆、主题广场、商业内街整合成运动、休闲、商业三大功能，互为补充，互为促进，成为城市新的活力节点。

至此，经过对城市文化及自然环境的解析和提炼，对功能布局及场馆运营的分析和考量，一个以"丝路明珠，乐活新城"为主题的方案雏形逐渐形成。

基于高效复合的总体规划

规划之前深入梳理研究了红光山公园、新疆国际会展中心、欢乐谷、会展医院等周边景观和建筑，着重处理好体育中心与周边建筑的城市关系。充分挖掘地块价值，是设计首先要考虑的问题。

吸收国内外同类体育中心的成功经验，采用紧凑、高效、集约的布局模式。总体规划以"一带两心"为基本结构框架，营造以丝路平台串联"一场多馆"的空间格局，综合体育馆、体育场、体育公园布置在项目用地北侧，体育公园面向城市干道，营造开放的城市空间与适宜的景观环境。体育场和体育馆分别布置在用地北侧的东西两端，靠近城市道路的转角处，形成体育中心的横向主轴线。运动员宾馆、全民健身馆、游泳馆、综合田径馆呈一字形集约化布置在用地南

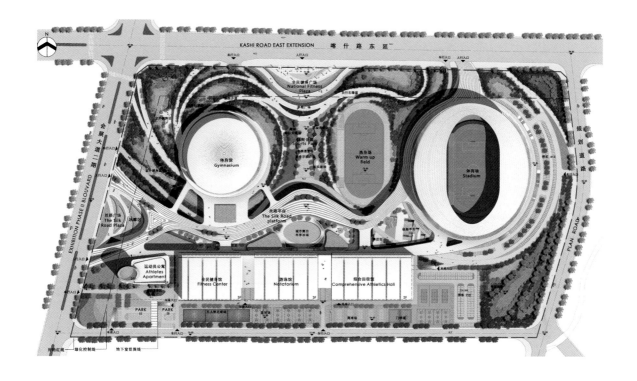

侧，形体方正，契合地形。各场馆通过由西向东的丝路平台有机串联，作为城市公共空间与场地内各场馆联系的纽带。平台下布置运动主题商业街，贯穿整个体育中心，将城市人流由会展大道通过丝路广场、商业、平台逐步引入体育中心内部。从商业街及平台层均可进入各场馆，以运动休闲的目的性消费带动零售及体验式商业。整合资源，提升人气。同时，加强了城市人流的引入，创造极具附加值的活力空间。

除了体育场馆之外，户外休闲运动场所是体育中心的重要组成部分，在室外设置全民健身广场、室外慢跑步道、自行车道、室外健身区等设施，满足市民多样化的全民健身需求。为了丰富功能配置，根据使用人群的不同，对室外活动场地及体育设施进行划片分类。设有球类运动区、青年活力区、趣味儿童区、健康老年区和极限运动区五大主题区。球类运动区集中布置于场地南侧，设置若干室外篮球场、羽毛球场、网球场、门球场、五人制足球场、轮滑场等室外运动设施。与室内场馆衔接紧密，资源互补。可与全民健身馆、游泳馆、综合田径馆形成良好的内外互动效应。青年活力区针对青少年的运动爱好，结合当前流行的户外运动样式，设置有旱喷广场、自行车绿道和青少年高尔夫等，吸引广大青少年来此运动与交友，极大提升了整个区域的活力。趣味儿童区结合商业街中场地空间布置，设置旋转木马、蹦蹦床、游乐车等设施，满足各年龄段的儿童所需要的娱乐项目，观赏休憩区则鼓励家

长们的交流和互动。基地北侧为健康老年区。大量的绿化植被为老年人提供环境宜人的室外健身区域，结合步道设置老年人专用健身器材，结合树林草地设置石凳石桌，为老年人对弈、打拳提供场所，结合步道设置慢跑路径和按摩石径，为老年人提供一个舒适悠闲的慢运动区。极限活力区设置在中心广场边。极限运动参与人群以年轻人为主，是一种高难度观赏性体育运动。项目有速度攀岩、极限滑板、跳跃轮滑等，未来将成为极限运动爱好者交流、训练和比赛的天堂。各区之间通过步道、绿化、广场等室外元素整合。

乌鲁木齐奥林匹克体育中心通过体育场馆+商业步行街+体育公园的规划格局共同形成生态、休闲、开放、高效、复合的体育公园。

基于高低起伏的立体景观

现状场地内高差较大，原始地形较为复杂，喀什路标高由西向东逐渐降低，会展大道标高由南至北降低。场地与城市道路也存在较大高差，场地内普遍南高北低，最大有30多米的变化。

针对如此复杂的地形，规划旨在保持原有地形的前提下，随形就势，因地制宜，结合地形及场地周边情况，尽量减少土方工程量。竖向设计中运用计算机土方平衡计算和建筑布局有机结合。采取场馆建筑标高尽量统一，场地与道路标高根据地形灵活变化的方式，兼顾使用功能和景观效果。体育场、全民健身馆、游泳馆、综合田径馆、运动员宾馆均设在一个标高上，与道路之间采用缓坡联系。广场、道路顺应地势，在出入口处与现有城市道路采用缓坡接顺。西侧丝路广场，北侧全民健身广场和平台下车行道路采用不同的标高。通过商业内街中的楼扶梯、大台阶、坡道与室外广场相连，将场地的高差一一化解。同时充分利用地形高差和建筑基础埋深布置地下室、架空停车场。在体育馆北侧利用地形设置覆土停车场，采用适宜的地景式设计手法，布置绿化缓坡，大小组合的开口有效解决了覆土车库的采光、通风和防潮问题。在体育场东侧结合地形设置室外台地停车场，逐步降低场地标高，利用缓坡绿化与城市道路衔接。

总之，在整个体育公园之内，梳理了场地与城市道路的高差，通过合理的竖向规划，精细化设计室外标高，尽量利用原始地形风貌，形成逐级抬升的景观场所。设计从微地形出发，采用地景式设计手法，将建筑与景观有机地结合起来，营造体育公园与各场馆之间良好的景观空间。有效地化解了高差过大的设计难题，建成一个从城市道路逐渐过渡到内部的高低起伏，变化有序、错落有致、景观立体、生动活泼的体育公园。

景观设计追求自然生动，返璞归真。广场、景观延续建筑的流动线条，与建筑形成有机联系。从竖向和水平进行多维度设计，利用绿化缓坡使场地与建筑架空平台相融合，削弱了平台的呆板与生硬，模糊了场馆和环境的界限，景观与建筑融为一体。建筑宛如是从自然中生长出来的一样，营造出体育公园自然生态的空间氛围。整体环境自然流畅，规整有序又不乏活泼自由，建筑与景观共同营造出"丝路明珠"的建筑意境。

植物配植在保证空间景观基调统一的前提下，结合乌鲁木齐的气候特点，堆坡造林，种植大片耐寒高大乔木，形成绿树成荫的休闲空间。植物优先选择本地适宜品种，注重植物色彩搭配及时节变化，营造四季有景的绿化空间，建设层次多样、绿树成荫、在环境优美、体验丰富的开放城市体育主题休闲空间。

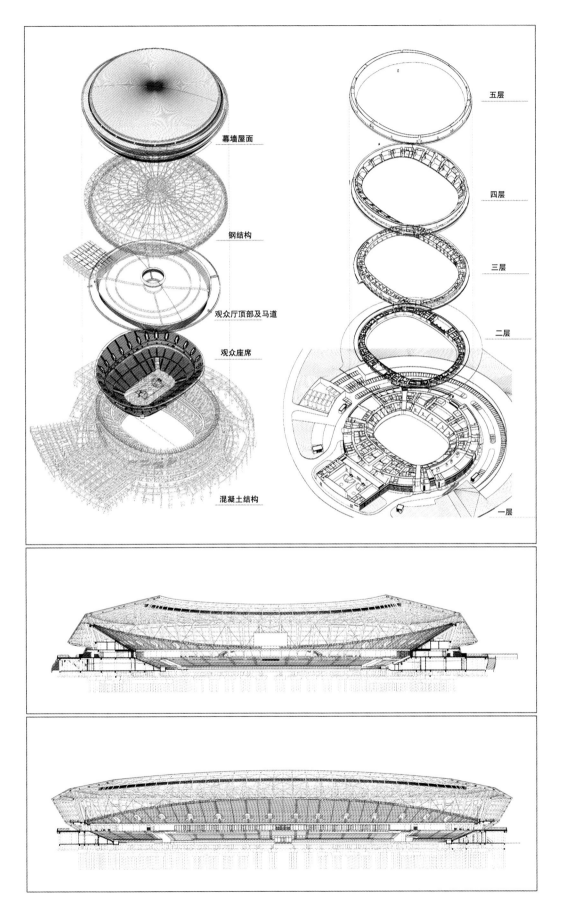

幕墙屋面

钢结构

观众厅顶部及马道

观众座席

混凝土结构

五层

四层

三层

二层

一层

基于自然风貌的建筑造型

美国人文主义城市规划理论家凯文·林奇的城市意象理论认为人们对城市认识形成的意象是通过对城市的环境形体的观察来实现的，城市形体的各种标志是供人们识别城市的符号，通过这些符号的观察形成感觉，从而逐步认识城市的本质。那么乌鲁木齐奥林匹克体育中心要以什么样的形体标志来让人感知而留下深刻印象呢？以反映当代乌鲁木齐城市精神风貌的现代建筑比体现浓郁的少数民族风格的建筑更适合反映出城市现在和未来的发展。

建筑设计理念取意"丝路明珠"。造型取意来源于地域地貌元素，从连绵的天山、巍峨的雪岭、蜿蜒的丝路等自然要素汲取创作灵感，并加以提炼，采用现代、简洁的造型语言，在当地博格达峰的背景前，塑造出简洁纯粹、浑然天成的视觉艺术效果。场馆的建筑形态体现了体育建筑律动流畅腾飞的精神内涵，展现运动气息，也表达了乌鲁木齐作为丝路重镇的地域文化。

建筑从大的形体规划角度出发，采用"点"与"线"的设计手法，体育场造型舒展流畅、适应当地气候，屋面造型一气呵成，并与建筑立面形成整体，以舒展的天际线演绎新疆独特的大地景观；采用直纹曲面的设计手法将曲面统一控制为单曲面，有效控制造价。体育馆追求灵动大气的建筑造型。外表皮以钢结构、铝板和玻璃作为围护系统，共同组成简洁流畅的立面语言。流畅、舒展的动势，彰显出体育建筑的特色风格，结合观众环厅创造出独一无二的动感旋律，隐喻

了"丝绸之路"。螺旋上升、流动舒展的造型使得建筑拥有腾飞的动势，展现大气磅礴的地域文化特征。

游泳馆、全民健身馆、综合田径馆简洁的建筑造型语言与体育中心整体设计风格相吻合，三馆通过屋顶线条以及架空平台紧密联系在一起，形成规整统一的建筑造型，更好地衬托出"丝路的明珠"——体育馆、体育场。

运动员宾馆是整个体育中心的制高点，形体宛如腾飞的龙头，凸显"龙腾丝路"主题。本着形体丰富，立面简洁为原则。裙房立面横向线条与体育场馆的立面相呼应。塔楼立面运用简洁的竖向线条，传达运动的韵律感。用现代建筑语言体现运动的美感，形成空灵、动感的建筑形象。

各个场馆形态主次分明，和而不同，相互呼应，互为陪衬，共同谱写一曲体现时代与城市精神的华丽乐章。

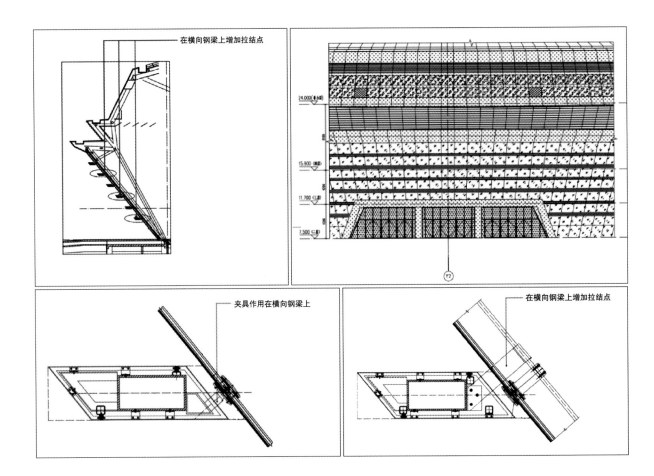

基于严寒气候的应对策略

为了应对严寒的地域气候特征，乌鲁木齐奥林匹克体育中心的设计策略优先考虑通过建筑设计的途径解决，其次才选择使用设备辅助。总图布局上采取围合周边式策略，避免冷风渗透和狭管效应。从建筑外形和内部平面两方面考虑。建筑形体相对规整，体形系数小，体现夏凉冬冷的气候特征。适合严寒地区的建筑特点，相对于南方的体育中心，外形较封闭，外表皮呈包裹之态势，充分适应乌鲁木齐寒冷的气候特征。

体育场微拱顶盖的结构设计不容易积雪，巧妙消解冬季的雪荷载，是对功能与形式的整体考虑。建筑立面采用"实多虚少"的建筑语言，同时有效控制遮阳。体育场封闭的形体没有妨碍对自然光的追求，利用屋面与立面之间的环形桁架作为采光带，光线犹如瀑布一般倾泻下来，给观众环廊营造了良好的光环境，同时遮挡严寒风雪。体育馆尽量减少立面的玻璃面积，利用螺旋形体的特征，使北部玻璃用量进一步减少，增加实体以御风寒。屋面饱满不利于积雪。游泳馆、全民健身馆、综合田径馆外形方正，实面居多，

具有严寒地区建筑风格。建筑构造上屋面还设有挡雪杆、电加热融雪天沟，避免产生冰凌伤人。

在平面设计中也采取了应对严寒气候的措施。建筑出入口设门斗和挡风门廊。体育场的观众卫生间采取入口隔间的形式防止冬季水管爆裂。

体育馆运动员的大巴可以直接开进室内，提高舒适度。

基于美观适宜的结构选型

体育建筑高大的空间特点决定了结构设计的关键性，一个契合建筑美观需求，表现结构美学适宜的结构体系对于体育建筑来说显得尤为重要。建筑师的作用是将建筑空间的逻辑和结构受力体系完美地结合起来。

体育馆正圆形平面很适合轮辐式索承张拉整体结构体系。主体结构沿周圈径向布置28榀框架，并通过楼层布置的环梁相互拉接，组成空间框架结构。上层为葵花形球面单层壳体，径向布置刚性梁、环形次梁、支撑组成的球面壳体，下层设置整体张拉索撑体系。建筑为了让比赛场地获得自然采光，使用了导光筒，将轮辐式结构的竖向撑杆作为采光导杆，导致轮辐结构常规的单索变成双索，不期而至取得了意料之外纤细的视觉效果。体育馆这种结构体系使整个屋顶更显灵巧轻盈，具有科技感，抗震、抗风性能好。

体育场规整的椭圆形也为空间结构体系的实现提供了条件。体育场采用轮辐式索承网格结构，结构构件布置富有韵律，具有结构力学美感。体育场罩棚为径向悬挑桁架加环向联系桁架组成的空间网格结构。罩棚钢结构与建筑外观高度的整合与统一，结构构件布置富有韵律与建筑造型有机融合，彰显力与美结合的视觉美学。

基于集成一体的专业整合

设计过程中对各学科的因素加以梳理，归纳，合并，实现各专业之间的集成一体是设计中一直秉承的理念。在以往多个项目中进行了尝试，取得了较好的效果，乌鲁木齐奥林匹克体育中心也不例外。体育馆突出文化特色的建筑形态，整体效果流畅、舒展。建筑立面采用玻璃幕墙和金属铝板作为外围护结构，建筑外墙微微内倾形成自遮阳体系，并与球场看台的形状相吻合。在外立面上，螺旋上升的线条是结构的承重体系，又作为外幕墙结构的主支架。将结构构件，建筑遮阳、幕墙系统等集成起来。建筑造型融结构支撑体系与表面围护系统于一体。确保结构与建筑外观高度的整合与统一，结构构件布置富有韵律，具有结构力学美感。体育馆屋面利用马道与比赛大厅的排烟系统的管道整合，屋顶下视觉效果干净简洁，充分展示轮辐式索承体系的结构美。环厅上马道与消防逃生通道整合。将屋面结构竖杆构件与导光系统整合为一体。体育场的支撑屋面的一圈环形布置的立柱切割成多边形，显得更挺拔有力，将结构力学与建筑美学结合，传力路线清晰明确。

乌鲁木齐奥林匹克体育中心整体上融建筑造型与形式美、功能美、装饰美、结构美为一体，体现了高度集成的专业整合。

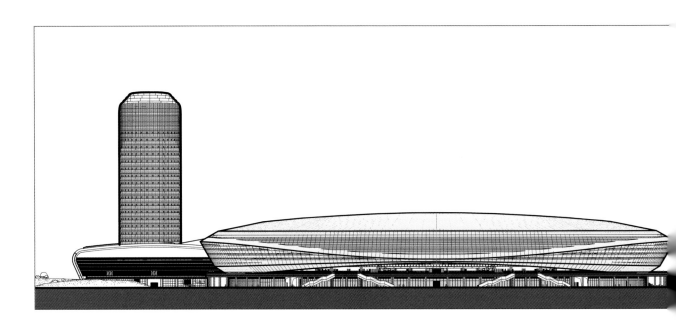

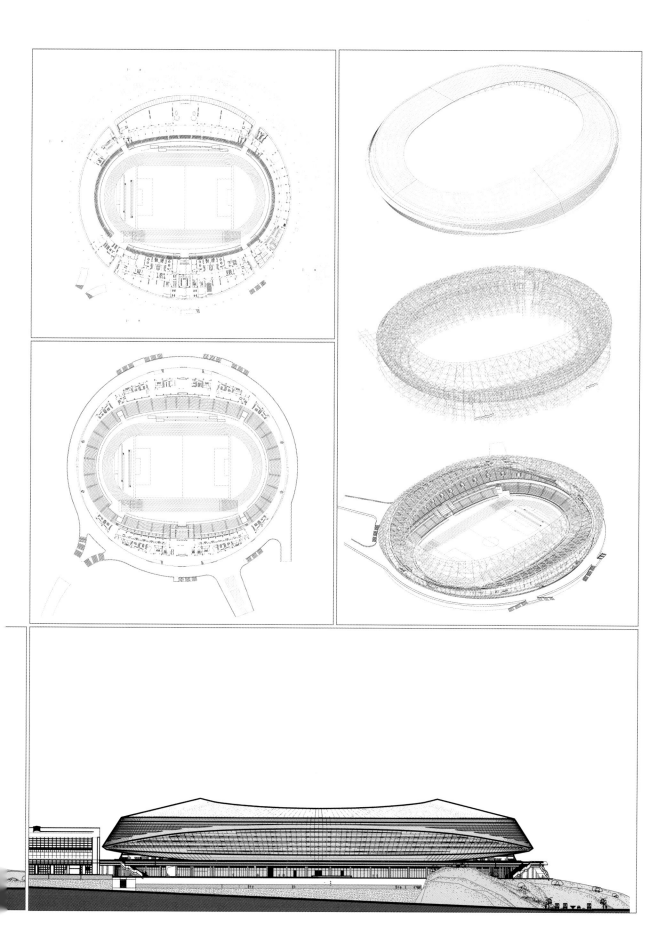

基于多元综合的运营策略

　　体育中心的运营也是困扰国内外体育建筑的一个难题。运营包括使用和设计两方面的考量。在设计时需提前考虑今后的运营策略,提供可供赛时和赛后运营的空间,无论是规划布局还是单体功能,都要考虑预留与弹性,为场馆运营创造良好的先天条件,使乌鲁木齐奥林匹克体育中心真正成为一个具有专业水准,集体育赛事、体育培训、全民健身为一体的体育中心,实现一站式全天候体育休闲商业综合体的功能定位。

　　运营产业链采取上、中、下游相结合的策略,实现多元化的运营。上游利用"一场多馆"可保证承办产业链的上游赛事,承办乌鲁木齐现有体育中心无法承办的大型国际国内赛事,包括职业联赛、国际重大体育赛事、大众体育赛事。中游使各场馆和宾馆功能进行拓展,运动员酒店可兼做新闻中心,成为产业链中游传播媒体的载体。全民健身、商业街可囊括下游衍生产业,包括体育用品、体育彩票、健身培训等。各环节主

要收益方式包括:企业赞助、联赛分红、门票收入、户外运动场地收入、活动收入、转播费收入、付费用户订阅赛事内容、商业门面、酒店营收、彩票和广告。

　　成功的运营策略往往能创造高效益。结合场馆平面布置,增加可用于经营的空间,以及赛时赛后功能转换的途径,根据各类用房的大小和特点,赛后改造为全民健身场所、体育后备人才基地等用途,引入羽毛球、乒乓球以及跆拳道、健身操等多种体育活动。

　　完善体育场馆的配套服务和设施、在场馆内开展各种非体育活动。体育馆是使用频率最高的场馆,除举办比赛外还可集体育健身、休闲娱乐、餐饮购物、商贸会展、文艺汇演等多功能于一体,体育场和体育馆内场也可结合乌鲁木齐严寒的特点,冬季变为冰上碰碰车、滑冰区以及冰上CS等场地。实现从体育赛事到体育产业的发展。

　　乌鲁木齐奥林匹克体育中心在场馆设计中针对今后的运营增设了相关的配套设施。体育场在

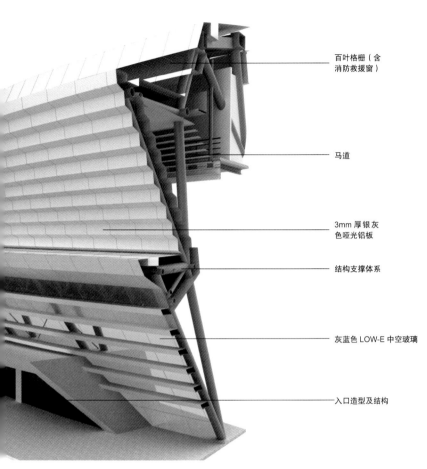

百叶格栅（含消防救援窗）

马道

3mm 厚银灰色哑光铝板

结构支撑体系

灰蓝色 LOW-E 中空玻璃

入口造型及结构

建筑一层西北角和东南角设有直接对外的卫生间，比赛时可供工作人员、运动员使用；文艺演出、集会、展销会时可供内场人员使用；平时还可供游客、健身锻炼人群、商业人流使用，一举多得。体育场除了常规贵宾包厢之外，还设有商务观赛用房，并配有专门的服务通道，提高了观赛体验的层次，也为体育场运营增加了收入。

体育馆在多功能利用方面结合自身条件，充分利用场馆硬件优势，通过与体育赛事结合，充分挖掘体育场馆与体育竞赛、表演的市场潜力。积极开发非体育活动市场。针对商业演出的需求，体育馆为商业演出设计了化妆间和道具库房。

另外，乌鲁木齐奥林匹克体育中心通过多元化、集团化经营的理念。利用大型场馆的集聚效应，与周边的居住、商务、餐饮、娱乐产业等形成互动，打造独特的"场馆圈"概念。

丝路平台下的商业街流线设计与各场馆入场路径有效结合，通过目的性消费带动商业人气。商业内街业态包括零售、体育用品、体育彩票、健身培训、特色酒吧、主题餐厅、体育周边产品、体育彩票、器械销售等业态，是体育中心重要的营业收入。也可结合开敞平台在夏季举办啤酒节等活动，聚集人气，拉动消费。商业街还包含儿童体验式教育的主题商业，带来未成年消费群体。配合周边的旅游项目，商业街辅以娱乐休闲、特色餐饮等业态组合，增加吸引力，打造以家庭式消费为主导的特色商圈，为体育中心的稳定收入提供保障。

体育公园的设计也充分考虑经营策略。设置健身路径区、步道区、轮滑区、休闲区、健身广场等室外体育设施，可以提供舒适、生动丰富的户外活动空间。体育公园、户外运动设施、全民健身馆日常维护运营成本较低，可全天候对市民开放。结合冬季漫长、夏季舒适的气候特征，开展冬夏两季室外休闲娱乐活动。冬季的体育公园室外有滑雪场、冰雕展示区等吸引人气的场所，夏季有室外篮球赛、室外滑轮、儿童游艺、室外品牌展示等集聚人气的活动。室外健身器材区与健身步道也为周边市民休闲健身提供了场所，极大丰富了市民的生活。

基于弹性可变的功能组合

现代的体育中心对功能的兼容性和适配性提出了更高的要求。设计中对这一趋势需做出回应，给出具体的解决方案。

现代体育建筑从传统单一化的功能转向复合的体育综合体，更加注重功能组合的多元以及空间组合的弹性。建筑设计采用"多元综合""场地转换"等设计思路，在满足比赛需要的前提下，为多元使用提供条件。场馆的配套用房均以"灵活分隔"的手段，根据使用功能将相对固定的、功能性强的设施布置在靠近比赛场地的区域，而将相对可变的、不确定的功能用房靠建筑外围布置。设计为大开间、便于灵活分隔及多功能使用。

体育场平面功能在充分满足体育赛事的基础上，注重与平时的多功能使用的结合，同时为观众和运动员提供更好的观赛体验和人性化的服务。四套运动员更衣室采用互通的布置方式，可分可合，为不同赛事及平时使用提供最大的灵活性。二层观众环厅通透开敞，为多功能使用提供了可能。

体育馆建筑平面设计体现综合性、多功能、高效益、实用性。体育馆建筑平面由圆形比赛馆和矩形训练馆组成。体育馆建筑主体为一层通高比赛空间，体育馆外圈一层平面功能主要为运动员区、新闻媒体区、竞赛管理区、贵宾区、场馆运营区和商业部分等；二层为观众平台、观众入口环厅、观众卫生间等；三层为包厢、评论员室、屏幕灯光广播安检控制室等；四层为观众卫生间和设备用房。比赛馆比赛场地大小为40m×70m，通过场地转换，可满足体操、手球、篮球、排球、羽毛球、乒乓球、室内足球、拳击、摔跤、举重、武术、击剑等项目的国内和国际赛事。训练馆场地52m×33m，设两片篮球场，四周布置观众活动座椅。可满足主馆中比赛项目的热身和训练要求。结合观众环厅设体育博览展示区及商业用房，既满足观众入场及中场休息的功能，又独立成区，方便管理。

游泳馆功可举办游泳、水球、花样游泳等比赛项目，设计以"空间通用"为原则，提高对多种功能的兼容性。布置可旋转、收纳的活动座椅，使二楼观众大厅可兼有观看游泳比赛和举行其他体育活动的多种功能。

全民健身馆平面布置考虑了多种功能的兼容性及用于经营的面积，可通过灵活自由的空间组合，来满足一馆多用的功能要求。根据各类用房的大小和特点可满足跆拳道、瑜伽、器械健身、乒乓球、羽毛球、网球等全民健身项目的需求，顺应乌鲁木齐当地全民健身的市场需求。

运动员宾馆定位为四星级宾馆。既可以满足体育赛事配套住宿的需求，又可独立运营。在平时作为精品酒店对外营业，赛时将会议、宴会厅转换为招商、办公、新闻发布功能，可兼做新闻中心。

商业步行街作为乌鲁木齐奥林匹克体育中心的配套商业功能，充分利用平台下的公共空间，创造极具商业价值的活力空间。步行街平面自由，分格灵活，适应多种业态，具有较强的公共性与开放性。多种业态的组合可满足观众在赛时的使用需求，平时可对外开放经营，为体育中心带来经济效益，为普通市民带来便利。

乌鲁木齐体育中心各场馆灵活而弹性可变的平面布局能为体育中心的功能使用变化提供方便，创造条件。

基于精准可控的数字设计

体育建筑的复杂性和多样性决定了数字技术已成为设计中必不可少的辅助工具。数字设计精细化的特点，为各学科的协调，各专业的整合提供了一个理想的平台，也为施工和运营提供了精确的数字模型。

乌鲁木齐体育中心体育场、体育馆均提取新疆大地上壮丽的自然风貌为建筑造型的基本元素，通过参数化归并、拟合、梳理后得到合理的空间建构逻辑。设计中采用先进的算法语言，将建筑形体、结构体系、设备系统、泛光照明等有效集成，搭建成精准的数字模型。对屋顶、幕墙等重点部位采用数字化生成与参数化控制，通过参数来精细控制建筑体量的结构骨架，确保结构

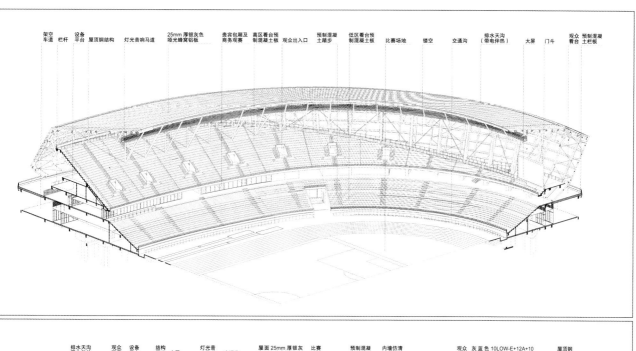

架空车道　栏杆　设备平台　屋顶钢结构　灯光音响马道　25mm厚银灰色哑光蜂窝铝板　贵宾包厢及商务观赛　高区看台预制混凝土板　观众出入口　预制混凝土踏步　低区看台预制混凝土板　比赛场地　镂空　交通沟　排水天沟（带电伴热）　大屏　门斗　观众看台　预制混凝土栏板

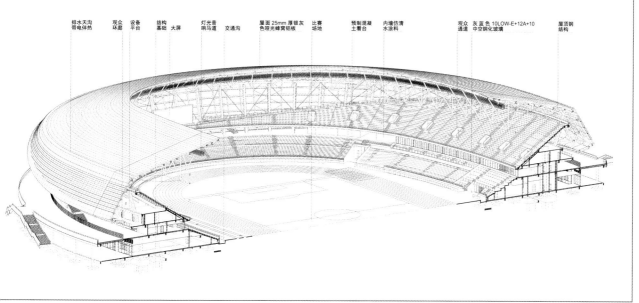

排水天沟带电伴热　观众环廊　设备平台　结构基础　大屏　灯光音响马道　交通沟　屋面25mm厚银灰色哑光蜂窝铝板　比赛场地　预制混凝土看台　内墙仿清水涂料　观众通道　灰蓝色10LOW-E+12A+10中空钢化玻璃　屋顶钢结构

系统和建筑美学高度统一。体育馆外围幕墙主结构采用钢框架结构，既作为整体结构的一部分又作为幕墙的支撑构件。建筑外表皮构件经过参数化曲面拟合，以简单、规律的曲面组合形成丰富的视觉效果，合理地控制了工程造价。乌鲁木齐体育中心采用正向BIM设计，直接在三维空间里进行设计，利用三维模型和其中的信息，自动生成所需要的图档，模型信息完整一致，并可后续传递给施工和运维，实现真正意义的数字化设计。

结语

乌鲁木齐奥林匹克体育中心延续地域文化的设计理念，营造开放的城市空间。建筑构思展现丝路腾飞，建筑造型蕴含地域特色。规划布局立足和谐统一，环境景观强调可持续，功能设计体现综合性，结构设计具有前瞻性，机电设计体现灵活性，运营策略创造高效益，体育工艺体现专业性。力图将其建成新疆的"丝路明珠，乐活新城"。

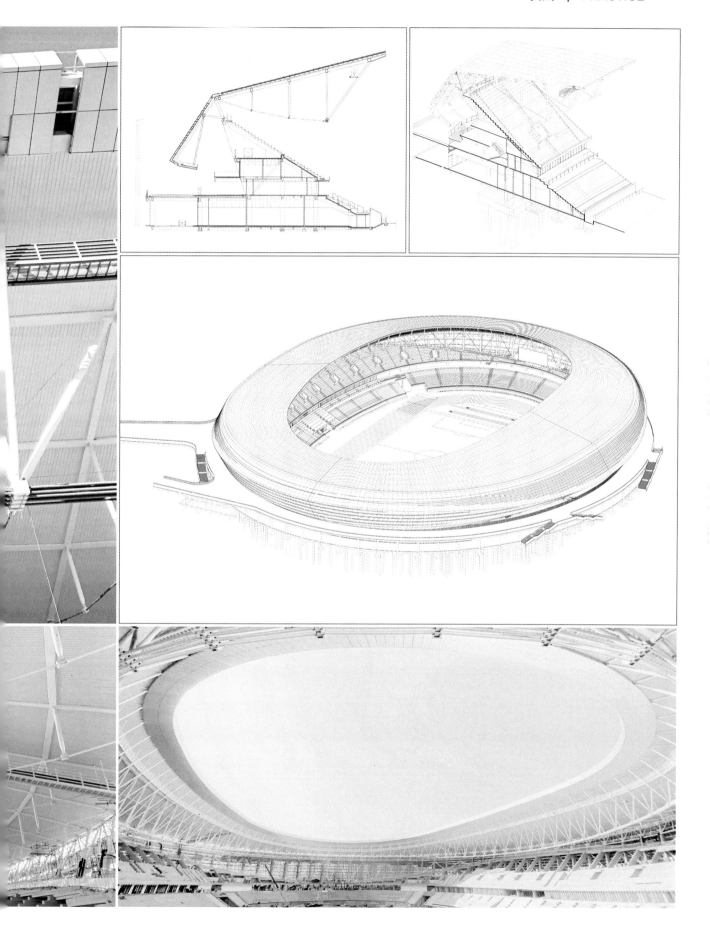

作品集
SAMPLE REELS

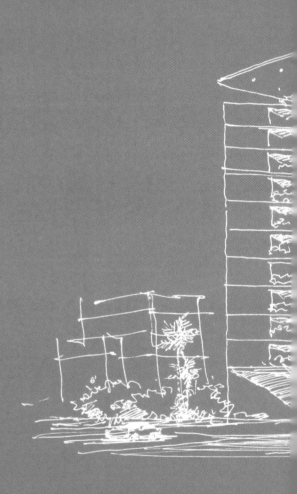

中国银行办展.   2001.5.21

主要设计作品简表

1993
深圳检察院办案业务楼

1995
深圳中民时代广场

1998
湖北剧院

2004年度国家优秀工程设计铜奖
2003年度全国优秀工程勘察设计二等奖
2003年度湖北省优秀设计一等奖

1998
中国银行湖北分行

2000
加蓬共和国参议院大厦

2003
武汉月湖文化艺术区规划

国际方案征集集第一名

2003
武汉琴台文化艺术中心

2005
中信建筑设计研究总院
科技综合楼

2005
武汉体育中心二期体育馆

第九届詹天佑大奖
2009年度全国优秀工程勘察设计三等奖
2008年度湖北省优秀工程勘察设计一等奖
2008年度武汉市优秀工程勘察设计一等奖

2005
武汉体育中心二期游泳馆

2009年度全国优秀工程勘察设计三等奖
2008年度湖北省优秀设计二等奖
2008年度武汉市优秀工程勘察设计一等奖

2005
武汉塔子湖全民健身中心

2018年度湖北省优秀工程设计三等奖

2005
武钢体育中心

2005
海南洋浦综合医院

2006
莫桑比克国家体育中心

2011年度武汉市优秀工程勘察设计一等奖
2011年度湖北省优秀工程设计一等奖

2006
重庆经济开发区体育中心

2006
武汉新城国际博览中心
展馆（合作设计）

2015年度全国优秀工程勘察设计二等奖
2014年度湖北省优秀工程设计一等奖
2014年度武汉市优秀工程勘察设计一等奖

2006
武汉国际博览中心会议
中心（合作设计）

2017年度全国优秀工程勘察设计三等奖
2015年度湖北省优秀工程设计二等奖
2014年度武汉市优秀工程勘察设计二等奖
2015年度武汉地区绿色建筑工程设计二等奖

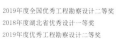

2006
武汉新城国际博览中心
二期洲际酒店（合作设计）

2019年度全国优秀工程勘察设计二等奖
2018年度湖北省优秀设计一等奖
2019年度优秀工程勘察设计二等奖

2007
援非洲联盟会议中心

2007
廊坊剧院

2007
香格里嘉园

2007
青岛火车站

2007
湖北省艺术馆

2009年度武汉市优秀工程勘察设计一等奖

2007
湖北省图书馆（新馆）

2015年度全国优秀工程勘察设计一等奖
2014年度湖北省优秀工程设计一等奖
2014年度武汉市优秀工程勘察设计一等奖
2015年度武汉市首届优秀城市十佳建筑

2008
贵阳大地之舞大剧院

2009
乌鲁木齐红光山大酒店

2017年度全国优秀工程勘察设计二等奖
2017年度湖北省优秀工程勘察设计二等奖
2017年度武汉市优秀工程勘察设计一等奖

2008
辛亥革命博物馆（新馆）

2013年度全国优秀工程勘察设计一等奖
2012年度湖北省优秀工程设计一等奖
2012年度武汉市优秀工程勘察设计一等奖
2015年武汉市首届优秀城市十佳建筑

2010
武汉T3航站楼（合作设计）

2008
武汉葛洲坝国际商业广场

2010
长江传媒大厦

2019年度全国优秀工程勘察设计二等奖
2019年度湖北省优秀工程设计一类奖
2019年度武汉市优秀工程勘察设计一等奖

2008
新疆国际会展中心一期
工程

2015年度全国优秀工程勘察设计二等奖
2013年度湖北省优秀工程设计一等奖
2013年度武汉市优秀工程勘察设计一等奖

2010
神农架机场航站楼

2017年度全国优秀工程勘察设计一等奖
2015年度湖北省优秀工程设计一等奖
2014年度武汉市优秀工程勘察设计一等奖
2015年香港建筑师学会两岸四地建筑设计
运输及建设项目类别的卓越奖
2015年度城建集团杯中国威海国际建筑设
计大奖赛优秀奖

2009
沈阳南客运站

2010
湖北省博物馆三期工程

2009
武汉市民之家（合作设计）

2015年度全国优秀工程勘察设计一等奖
2014年度湖北省优秀工程设计一等奖
2013年度武汉市优秀工程勘察设计一等奖
2015年度武汉市绿色建筑工程设计一等奖
2015年武汉市首届优秀城市十佳建筑

2010
襄阳博物馆

300

2010
烽火通信研发中心建设
项目

2019年度全国优秀工程勘察设计二等奖
2018年度湖北省优秀设计一等奖
2018年度武汉市优秀工程设计一等奖

2010
柳州白莲机场改扩建工
程航站楼(合作设计)

2019年度全国优秀工程勘察设计三等奖
2018年度湖北省优秀设计二等奖
2018年度武汉市优秀工程勘察设计二等奖

2011
湖北广电传媒基地

2011
湖北省广播电视台总台
新闻中心、演播厅

2016年度湖北省优秀工程设计三等奖
2016年度武汉市优秀工程勘察设计二等奖

2011
湖北省体育局训练竞赛
基地场馆

2013年度全国优秀工程勘察设计三等奖
2012年度湖北省优秀工程设计一等奖
2012年度武汉市优秀工程勘察设计一等奖

2012
湖北省文化创作交流基地
一期

2017年度全国优秀工程勘察设计二等奖
2017年度湖北省优秀工程设计一等奖
2017年度武汉市优秀工程勘察设计一等奖

2012
乌兰察布市博物馆

2012
武汉长航大厦

2012
银川绿地超高层项目

2012
武汉长江书法博物院

2012
咸宁博物馆

2014年度湖北省优秀工程设计二等奖
2014年度武汉市优秀工程勘察设计一等奖

2013
武汉光谷国际网球中心
一期15000座网球馆

2017年度全国优秀工程勘察设计一等奖
2016年度湖北省优秀工程设计一等奖
2016年度武汉市优秀工程勘察设计一等奖

2013
武汉园博园园林艺术中心
（合作设计）

2014
孝感文化中心

2020年度湖北省优秀工程设计一类奖
2020年武汉地区优秀工程勘察设计一等奖

2013
珠海横琴国际金融中心
大厦（合作设计）

2015
武汉博览中心二期-环球
文化中心

2013
保利时代K18地块
（合作设计）

2019年度全国优秀工程勘察设计三等奖
2018年度湖北省优秀工程设计二类奖
2018年度武汉市优秀工程设计一等奖

2015
乌鲁木齐奥林匹克体育
中心

2014
武汉华中科技大学国家
光电实验室二期

2015
黄石规划展示中心

2014
嘉锦苑后湖改造项目

2015
武汉市黄陂区市民文化
中心

2014
武汉盘龙城遗址博物馆

2015
洋浦经济开发区滨海文化
广场

2016
精武路越秀·国际金融汇
（合作设计）

2016
武汉谌家矶体育中心

国际方案征集第一名

2016
武汉五环体育中心

2020年度湖北省优秀工程设计一类奖
2020年度武汉地区优秀工程勘察设计一
等奖

2016
赤壁市体育中心

2016
新疆国际会展中心二期
工程

2019年度全国优秀工程勘察设计二等奖
2018年度武汉市优秀工程设计一等奖

2017
鄂州市文化中心

2016
武建富强办公楼

2017
鄂州市体育中心

2016
武汉江夏市民之家

2017
鄂州市会展中心

2016
鄂州档案馆

2017
柳州市规划展示馆、
图书馆、数据中心

2017
武汉军运会主体育场
综合改造工程

2017
武汉东西湖文化中心

2018
武汉商会大厦——长江
之门

2019
武汉市蔡甸综合服务中心

2019
重庆东站

2019
武汉汉正街壹号（合作
设计）

2019
重庆站改造工程

2020
合肥瑶海区胜利街城市
更新（合作设计）

2020
马鞍山南站高铁新城
（合作设计）

2020
空港国际体育中心

2020
恩施惠美民族艺术中学

2020
光谷创新天地（合作
设计）

后记

2020年初，一场席卷全球新型冠状病毒肺炎疫情的爆发，在世界范围内引发了疫情防治与公共卫生安全的严峻挑战。疫情初期，中信建筑设计研究总院的设计团队就火速承担了火神山临时应急医院和多个方舱医院的设计工作，一方面，体现了建筑师的责任担当，彰显了中国速度，有效地遏制了疫情的发展和蔓延；另一方面，也反映出应急基础设施、公共建筑在仓促和窘迫下的匮乏与不足的现状。我觉得这次疫情也给当今的城市规划和建筑设计带来反思，必将对未来的建筑行业，无论是城市规划的宏观层面还是建筑单体的微观层面，带来深远的影响。

在我看来，突发公共卫生危机，既是挑战也是机遇，"塞翁失马焉知非福"，世界可能会从新的视角对城市规划与建筑设计进行审视和思考。一方面中国传统理念上的天人合一，顺应自然；建筑形态上的融入环境，宜人宜居。生态、环保、开放的建筑思想对今后的建筑建构具有重要的方向指引作用，也会促使建筑设计回归到中国传统文化的精神内核上去，将人与自然体合无违、和睦并存的传统思想，物化并体现在城市和建筑的设计中，应该会成为今后建筑设计的一种共识。另一方面也会对建筑空间的弹性设计提出更高的要求。通过建筑设计的技术手段，实现建筑空间、功能上的弹性可变，功能转化，设备预留等方面，可能会贯穿大型公共建筑从设计、使用乃至日后更新改造的全生命周期，这种创造建筑的动态适应能力以满足未来的发展变化需要，既是可持续发展理念的核心，更是"设计创造价值"的体现。

总之，建筑师今后将在设计的舞台上有更大的空间施展抱负。尽可能在理论和技术上做好充足准备，迎接后疫情时代带来的建筑设计新的理念和发展。

At the beginning of 2020, an outbreak of COVID-19 spread across the world, posing severe challenges to pandemic prevention and control and public health security worldwide. In the early stage of the pandemic, the team of CITIC General Institute of Architectural Design and Research Co., Ltd. promptly undertook the design work of Huoshenshan temporary emergency hospital and a number of makeshift hospitals, which on the one hand, reflected the responsibility of architects and the China's rapid response in containing the development and spread of the pandemic, and on the other hand, also reflected the shortage and insufficiency of public buildings for emergency infrastructure in haste and distress. In my opinion, the pandemic has also brought reflection to today's urban planning and architectural design, which will surely have a profound impact on the future construction industry, both at the macro level of urban planning and at the micro level of individual buildings.

As far as I am concerned, the sudden public health crisis is both a challenge and an opportunity, and is the socalled 'a blessing in disguise'. The world may examine and think about architectural design from a new perspective. On the one hand, the traditional Chinese concept—the unity of nature and man conforms to nature; the integration of architectural form evolves into the environment with pleasure and livability. The idea of ecological, environmental and open architecture has an important direction for the future construction, and will also promote the architectural design to return to the core of the spirit of Chinese traditional culture, which should be a consensus of architectural design in the future to materialize and embody the traditional cultural thought of harmonious coexistence between human and nature in urban and architectural design. On the other hand, it will also put forward higher requirements for the resilient design of architectural space. Through the technical means of architectural design, the flexibility of architectural space and function, function transformation, equipment reservation, etc. can be realized, which may run through the whole life cycle of large public buildings from design to future renovation. This dynamic adaptability to create buildings to meet the needs of future development and change is not only the core of the concept of sustainable development, but also the embodiment of design to create value.

In short, Chinese architects will have more space to display their ambitions on the international stage and make adequate theoretical and technical preparations as soon as possible to meet the new concepts and development of architectural design in the post-epidemic era.

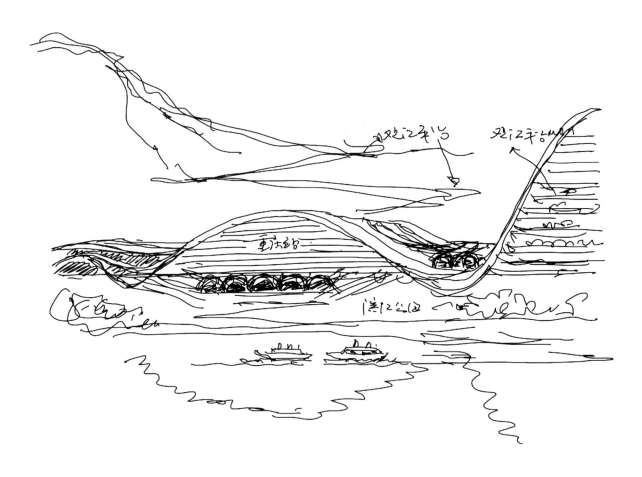

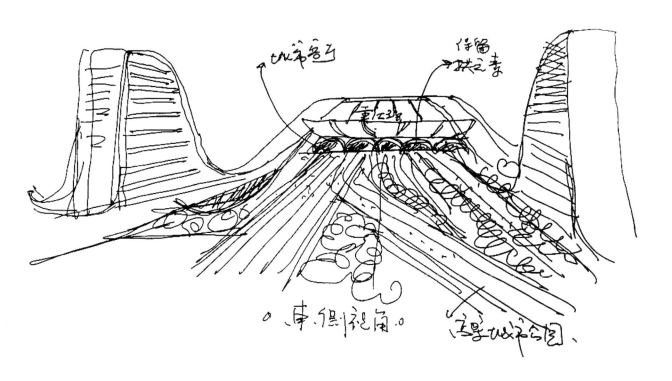

单　　位　　中信建筑设计研究总院有限公司

摄　　影　　李　扬　章　勇　施金忠　张广源　陆晓明　陈　浩　张　唯

资料整理　　叶　炜　高安亭　郭　雷　李鸣宇　孙吉强　杨坤鹏　林秋菊
　　　　　　毛立楷　程　凯　沈溪杰　李田成　郝冠华　陈向阳　万亚兰
　　　　　　汪　洋　张　伟　徐少敏　涂　建